MIND WIDE OPEN
YOUR BRAIN AND THE NEUROSCIENCE OF EVERYDAY LIFE

心智觉醒

日常生活中的神经科学

[美] 史蒂文·约翰逊＿＿＿ 著

周加仙等＿＿＿ 译

中国法制出版社
CHINA LEGAL PUBLISHING HOUSE

献给我的儿子们

作者简介

史蒂文·约翰逊（Steven Johnson），美国著名科普作家，被誉为科技界的达尔文，获美国前总统克林顿、英国前首相布莱尔盛赞，被《展望》誉为"数字化未来十大思想家"之一，TED演讲者。他的作品多聚焦于心理学、科学、技术和创新领域，代表作有《伟大创意的诞生》《助燃创新的人》《我们如何走到今天》等多部畅销书，被翻译成十多种语言。

他的作品多次出现在《发现》《纽约时报》《华尔街日报》《国家》《纽约客》等报纸杂志中。他创建了三个非常有影响力的网站，你可以登录 www.stevenberlinjohnson.com 获得他的更多个人信息。

译者简介

周加仙，博士，华东师范大学教育学部研究员，教育神经科学研究中心副主任，《教育生物学杂志》执行主编。2011年，担任国际心智、脑与教育学会执行理事，中国教育学会脑科学与教育分会理事，在我国最早提出教育神经科学的学科概念并做了系统研究。

序言：卡夫卡的房间

> 多可悲啊，与对自己房间的了解相比，我对自己的了解贫乏得可怜……人们并没有像观察外部世界那样，观察自己的内心世界。

> ——卡夫卡

本书的灵感始于一个紧张的笑话，确切地说，是好几个在紧张情形下开的玩笑。几年前，得益于一系列幸运事件以及我长久以来的好奇心，我走进了一个生物反馈医生的办公室。我躺在沙发上，手掌、指尖和前额都被贴上了传感器。当交谈时，我们盯着电脑屏幕，上面闪现着一系列数字，就像是廉价版的美国全国广播公司财经频道（CNBC）的股票行情信号接收器。这些数字精确地记录了我出汗的程度，并且每秒钟更新多次。我从未做过测谎仪测试，但有个陌生人问我问题，并且密切关注我的汗腺，这让我感到很紧张。于是我开始说起了笑话。

测谎本来的目的之一就是让人变得有点紧张。与我连接在一起的机器，正追踪着我的肾上腺素（adrenaline）水平的变化，这一"战斗或逃跑"的激素，是肾上腺在急需大量能量的情况下分泌的。肾上腺素的增加可通过多种方式检测：由于激素会将血液从身体末端转移

1

到身体的核心部位，因此四肢体温的下降往往意味着肾上腺素的释放（因此，传感器需要贴在我的指尖）。出汗是肾上腺素水平升高的另一迹象。由于潮湿的皮肤比干燥的皮肤导电率更高，所以我手掌上的电极可以通过实时监测导电率的变化来追踪我的出汗程度。

生物反馈系统旨在通过一种新的方式来显示生理变化，从而让你以一种新的方式来控制自己的身体和心智。经过几次训练，生物反馈系统的使用者即可学会"调控"他们的肾上腺素水平上升或下降，几乎就像他们决定要抬一根手指或弯一下膝盖那么容易。当然，人脑一直在不断地调整肾上腺素的水平——只是你通常意识不到这个过程，只能体验到能量的增加或平静的感觉。

本次测谎刚开始的五分钟，我的肾上腺素水平维持在滚动图表的中点处，非常轻微地上下浮动，但并没有真正显著的变化。然后，当时的某件事情——我现在记不起来是什么了——促使我随便说了个笑话。我们都被这个笑话逗笑了，然后我们注意到显示器上出现了一个巨大的尖峰。是说笑话使我体内的肾上腺素激增，还是在我把笑话说出口之前，先在心理上启动了引擎，导致肾上腺素水平的上升？不管是什么原因，我说笑话这件事和我的肾上腺素水平之间具有某种密切的化学联系。

在我们结束此次测谎，治疗师递给我一份打印出来的、我的肾上腺素在我们会面的这30分钟内的水平变化图时，这一联系变得更为明确。简单地说，这是我尝试表现出幽默的时间轴：一条直线上面有五六个突然出现的尖峰。我看着那张纸，心想：我在这里从一个我从未体验过的角度窥见了"自我"。多年来，我一直知道自己在某些社交场合，尤其是在一些不太适合说笑话的正式场合，会有一种不由自主地说笑话的冲动。但我从未想过，这些笑话会在我的大脑中引发化学反应。突然间，这些笑话不再像是随意的幽默尝试，而更像是一个瘾君子渴望得到新的一剂毒品。

我知道那些肾上腺素的激增只是冰山一角。说笑话和欣赏笑话是非常复杂的神经活动，它涉及大脑的许多部位和化学信使。例如，加利福尼亚大学医学院的医生最近在左脑前侧发现了一个小区域，这个区域似乎能触发快乐的感觉[2]。在治疗一名 16 岁的癫痫患者时，他们给该区域施加了微小的电流，这使得患者无论看到什么都感到好笑。这不仅仅是笑的生理反应：当这个区域受到刺激时，她真的觉得很有趣（"你们几个站在旁边，真是太滑稽了。"她对被吓了一跳的医生说）。笑本身涉及一系列复杂的肌肉活动，越来越多证据表明，笑能引发大脑释放少量的内啡肽（endorphins），而内啡肽是大脑的天然止痛药（下次你去喜剧俱乐部时，不妨把它想成"鸦片烟馆"）。但是，在对话中开玩笑也需要对听众的幽默感及精神状态有所了解。这种感受他人心智情况的能力是由大脑的另一部位控制的。自闭症患者的这部分脑区被认为是受损的，这可以解释他们勉强的社交互动。

当回想到在生物反馈医生沙发上说的那些紧张的笑话时，我突然发现：每一个笑话在我脑海中某处浮现时，都伴随着一段精心设计的电化学芭蕾表演，从我第一次微笑或更早之前，它就一直在进化着。现在，我瞥见的就是这种内在表演的一小部分。我好奇地想到，每天有多少这样例行的化学反应在我的大脑中运行着？它们是不是每时每刻都在发生？如果我能看到它们，就像我能看到打印出来的肾上腺素曲线的起伏一样，它们又能告诉我哪些关于我的信息呢？

所以生物反馈让我开始了自我探索。我尽可能地去搜寻关于我的心智活动的图表、实时显示图以及三维模型。我采访了一些世界顶尖的神经科学家，问他们一个我一直在问自己的问题："了解大脑是如何改变他们对自己的看法的？"我还发现了一些把脑科学作为自我探索工具的科技初创企业和不切实际的狂热者。这是进行探索之旅的好时机。在过去的 30 年里，科学让我们对大脑内部的风貌有了非同寻常的了解，识别爱人的面孔、规划购物清单，或者串起一句话，这些不同的任务惊人地激活了边界分明的不同脑区。到目前为止，这些新的科学工具主要用于观察神经损伤患者，或是评估人脑共同的心理地图。但是大脑就像指纹[3]，每个人都有一个独特的神经图谱。我们现在有了能真实客观地描绘大脑内部景观的技术。换句话说，这些都是用来探索我们特异且不可模仿的个体心智的工具。这些是在神经突触、神经递质和脑电波水平上捕捉我们是谁的工具。每个人的大脑都能产生不同模式的电和化学活动。这些新工具可以帮助你理解自己大脑的活动模式，再经由这些模式了解自己。

你很可能之前就思考过自己大脑的活动模式。在过去的一个世纪里，大众心理学已经从内省自己的心智特征并进行比喻性描述，转向了更大范围的生理特异性：从某种意义上说，是从俄狄浦斯（Oedipus）转向了神经元。肾上腺素已经成为我们的日常词汇，就像我们现在知道我们的身体会为了获得快乐而分泌化学物质，我们会说或做某些事从而使我们的肾上腺素激增，或者使内啡肽水平升高。如今，电台广告大肆宣扬各种神奇药物能够改变我们的神经递质特性，就像在推销去屑洗发水一样平常。如果你读过《神奇百忧解》（*Listening to Prozac*），再遇到一个看起来很沮丧的人时，你可能会这样想："嗯，他的 5- 羟色胺（serotonin）很低。"但这样的反应只是对我们内部生理状态的直觉，而且是有些粗糙的直觉。在你的身体里有几十种所谓的信息分子——神经递质、激素、肽，每一种都在你对外部事件的情绪反应转变中扮演着重要的角色。从母亲的养育本能到惊恐发作时的激动情绪，这些均由它们触发。那些测量你身体和大脑中以上物质实时含量的工具，能教你一些有关你自己情绪方面的事情吗？它们能帮助你了解你的梦想或恐惧症吗？我们已经学会了像统计学家那般精确地追踪我们的情绪变化、探索我们的童年记忆，以及通过练习使我们的大脑保持警觉。但你的情绪、记忆和知觉来自你大脑中的电化学活动。如果你能直接看到这些活动，比如如果你能看到你的大脑在回忆一段被你遗忘已久的童年经历、听一首喜欢的歌，或者是想出一个好主意时的样子，你能从中了解到关于自己的什么呢？

脑成像工具是现代科学的奇迹，但它们并不是通向你内在心智世界的唯一通道。只有对自己脑内部的结构拥有更多的了解，才能改变对自己的看法，你可以将自己平时一贯经历的心理活动分离出来。如果你对自己的大脑里究竟发生了什么一无所知，那你自然无法体会到你所经历的神经活动，你只是在做你自己。但是，随着你对大脑结构了解得越多，你就越能认识到你的大脑更像是一个管弦乐队[4]，由几十名演奏者参与合奏，而不是独奏。你可以把交响乐听成统一的声音，但你也可以把长号从定音鼓中、把小提琴从大提琴中区分出来。要想对自己的大脑有一个大致的了解，你并不需要一台价值百万美元的成像设备，你只需要了解大脑的组成部分及其典型的活动模式。有时它与大脑的某个特定区域有关，有时它们与化学物质有关（如 5- 羟色胺）。通常情况下，你激动的情绪是神经化学物质释放[5]和大脑特定区域[6]可预测活动共同作用的结果。

当你学着探查这些脑成分时，你就开始意识到在你的大脑中到底有多少任务在同时进行。你意识到你所感受到的情绪[7]并不是对外界那一刹那的反应，它更像毒品一样有着自己奇特的生命。这就是我们过去所说的"理性"的你和"感性"的你，而这两者并不总是和谐一致的。现如今，脑科学为我们提供了对人格的这两个方面更为精准的描述，并将其映射到大脑的特定区域。今天，我们看到的不是"理性"和"感性"，而是"新皮层"（neocortical）的你和"边缘系统"（limbic）的你。

想象一下这种你可能经历过很多次的情况：你正和朋友或同事聊天，心情非常好。你并没有特别注意自己的情绪状态，但它会在幕后工作，让你的对话自由顺畅。然后，你的朋友提到了一些令人不安的事情，可能让人有点压力。虽然不是惊天动地或立即危及生命的事，但还是会给人压力。也许他指的是一些你没有被邀请参加的即将到来的公司会议，或者是你忘记的纳税期限。不管是什么，这些消息让你的身体有一种下降感，你感到泄气和紧张。

紧接着，你的朋友说了一些让你惊讶或分心的话，刚刚那令人沮丧的消息从你的工作记忆中消失了，取而代之的是一些其他的想法。在这一刻，你的脑中发生了一些不可思议的事情，就像一种似曾相识的感觉：你感觉到身体和大脑的压力，但你不记得最初是什么触发了它，你的感觉和想法分离了。换言之，你没有了那种想法，但是你的感觉还在继续。通常在这种情况下，你会在脑海中回放你们的对话——我们刚才谈论了什么？几秒钟后，你想起了最初（让你感到紧张）的事情，这时你的精神状态似乎又恢复了正常，就像那种模糊的、似曾相识的感觉消失了，线性的时间恢复了原样。虽然你仍然有压力，但至少你知道了原因。

这种不连贯的感觉之所以发生，是因为你的意识中对言语交谈的秒级加工过程发生在你大脑的某个部位，而情绪评估过程发生在大脑的另一个部位。大多数时候，你当下的注意力集中在寻找合适的词汇以及理解别人的话语上。一般来说，这发生在大脑最后进化出来的部分，即大脑新皮层的前额叶［其中有两个区域尤为重要：布洛卡区（Broca's area）和威尔尼克区（Wernicke's area）。前者侧重于语言的表达，后者侧重于语言的理解］。但情绪主要来自大脑皮层下方被称为"边缘系统"的区域，而某些对身体的影响则是由边缘系统下方的一层——位于脊柱顶部的脑干（brain stem）触发的。前额叶的活动主要是由在脑很小的区域内相互交流的神经元组成的，而边缘系统则会启动一连串的反应，导致化学物质释放并通过血液弥散至全身，其中包括一种叫作"皮质醇"（cortisol）的物质[8]，它能修补大部分因长期压力引发的机体损伤。

所以当你听到能诱发压力的句子时，你的大脑中会产生两种反应：你的语言中枢和工作记忆会解码它的含义，并将它向前传送，直至你的意识；大脑皮层下的某个系统则会触发压力反应，从你的大脑和全身释放出皮质醇和其他化学物质。这两个系统以截然不同的速度[9]运行着，前额叶的活动在微秒级展开，而压力系统则在秒级甚至分钟级展开。这就是为什么二者是不同步的。你很快想起了某件让你产生压力的事情，但又很快忘记。前额叶可以运行得非常快，但是你的情绪系统却落后了——当信息从你的工作记忆中消失30秒后，皮质醇仍在你的血液中漂浮，所以不愉快的感觉在你体内依旧存在[10]。

现在的问题是：在这种分离的时刻，究竟是什么在起着主宰作用，前额叶还是边缘系统，你应该相信哪一个？

　　有关脑科学的书，通常有这样一个反复出现的问题，其中不乏讽刺意味。根据定义，一本关于人脑主题的书与你密切相关（毕竟，这些书是由人脑阅读的），但随着你对大脑解剖的细节进行越深入的研究，拉丁语单词出现的比例就越高，不久，外行读者就很难理解诸如"扣带皮层"（cingulate cortex）和"伏隔核"（nucleus accumbens）这样的名字。有些书试图从神经解剖学的速成课程开始，从而让读者能够学习下去。但我的方法不是这样，我将从脑活动开始，比如感受恐惧、被某个笑话逗笑、或者想出一个好主意，并梳理出潜在的机制。

　　我也会试着减少使用阅读这本书所需的术语，将化学物质和脑区的相关术语限制在六个以内，并对神经元沟通方式进行初步讲解。我的一个基本假设是，基于这种程度的掌握，你就可以从神经科学中获得一些有用的东西（而对于狂热爱好者和求知欲很强的读者，我在本书的最后对一些知识点进行了详细的解释）。正如惠特曼（Whitman）所说，大脑包含了很多东西，但是你不需要为了更好地利用大脑而将它们一一记住。你只需要知道地标，就可以找到自己的方位。当你在一个像你自己的大脑一样复杂的空间里航行时，知道你的方位可以让一切都不同。

　　如果你在过去的十年里读过一些有关脑科学的文章，你肯定会遇到这两个在脑科学辩论中占主导地位的话题：一个与意识的解释有关，也就是被神经科学家安东尼奥·达马西奥（Antonio Damasio）称为"对发生之事的感觉"[11]；另一个与进化心理学有关，它认为我们的大脑包含一种经过数百万年进化选择而来的心智工具箱，它帮助我们的祖先在充满挑战的环境中生存和繁衍。意识和进化都是有趣的，且值得探索的议题，但本书将不会涉及这两个问题，而是以稍微不同的方式来看人脑。

让我们从意识开始。想象一下，你在久别后看到了爱人的脸，感受到因为这种情景所引发的愉悦情绪。我们对视觉刺激传入的路径非常了解：它将光从人脸轮廓上反射出来的信息，通过视神经传递到感觉皮层。我们知道，这些信息与海马（hippocampus）控制的记忆储存系统产生共鸣，帮助你回忆起关于爱人的细节。我们对大脑中释放的化学物质同样有着很多了解，这些化学物质能唤起人们情绪上的温暖感。多亏了现代成像技术以及对局部脑损伤患者的研究，你才能在注视孩子或配偶的脸时，非常精确地描述你大脑中的神经芭蕾舞剧的情况。然而，当我们试图解释这些神经化学活动的模式——如何产生你看到爱人时的第一手的体验，科学的解释就变得模糊起来。你爱人的"面孔"和你感觉的"情绪"之间的关系，意识理论家将其称为"感受性"（qualia）[12]，即大脑对外部世界和身体内部状态的表征，比如红酒的味道、水面上的粼粼波光，或者感觉到突如其来的恐惧占据了你的身体。

乍一看，这似乎很荒谬，但我们为什么需要感受性，这是个值得深究的问题。理论上，我们已经进化出了能够处理人类所有心理反应的大脑——加工内、外部的刺激，评估情绪的积极与消极，执行长期计划——而不用真正"感受"这些过程。我们将会像机器人或僵尸一样，即使外表上与常人无异，但内心却是空的。所以问题就变成：这种奇怪的心智属性是如何产生的？大脑只是一个大原子团，以特定的形态排列在一起，在这个意义上，它与一个茶壶或一棵花椰菜没有什么不同。但茶壶和花椰菜对它们自己及所处环境没有意识，那么我们为什么要有意识呢？

简单来说，在现今的意识理论[13]中对此有四种不同的答案：第一种答案是，花椰菜和茶壶是有意识的，只不过它们的意识与我们的意识有着难以想象的不同。换句话说，感受性是物质本身的一个属性，而人脑只是迄今为止进化出来的最先进的感受性记录装置。第二种答案是，细胞结构中存在某种特殊的东西，它使意识发生在大脑中而不是花椰菜中，但是关于这种东西是什么还存在很大的争议。第三种答案暗示了一种尚未被科学理解的神秘物质，或许是量子行为，或许是某种精神生命力量，它将一堆相互联系的细胞变成了一个有感觉的大脑。第四种是个诡辩的答案，它提出意识的一个特性是，意识无法进行自我解释，因此无论科学和技术如何精进，我们都无法弄清感受性到底是什么。

这些可能性既让人着迷，又使人眩晕（下次你把花椰菜放进一锅开水里时，或许会感到有些心烦意乱）。在过去的十年中，如果这些意识理论中有一个被证明是正确的，我不会感到丝毫惊讶。但目前科学界在这个问题上还远未达成共识，我怀疑在可预见的未来，它仍将保持这种状态。

所以在这本书中，我尽可能避免触及意识的问题。避免涉及感受性问题是一个明智之举，因为即便不去回答为什么意识是这么感觉的，在谈论大脑时，我们还是有很多有趣且有意义的事情可以说。想想我的生物反馈训练和我讲笑话引起的肾上腺素水平上升，即使是对我大脑的化学反馈系统的短暂一瞥，也让我对自己的性格和交谈习惯有了新的认知，让我意识到开玩笑改变我内心的情绪（同时解释了为什么我有时会开不恰当的玩笑）。尽管有了这些洞察，我还是不知道为什么肾上腺素激增会产生这种感觉。我可以描述它的剧烈上升，可以将它与咖啡因（caffeine）等外源性药物的效果进行比较，可以预测它将如何改变我随后的行为，但我无法告诉你肾上腺素的感受性来自哪里。幸运的是，神经科学能够传授给我们的不仅仅是这一种知识。

至于进化心理学的争论，它与先天和后天的问题是平行且往往密不可分的。我们的心智能力是遗传进化的产物，还是由我们成长的环境塑造的？与意识的奥秘不同，我相信这个问题有一个清晰的、有说服力的答案，即与两者都有关。我们是先天和后天相互作用的产物，而正是进化和后天经验的交互作用创造了人类丰富的条件。

在这本书中，我将从进化的角度来讨论大脑的一些特性，因为达尔文主义者（Darwinian）的观点有时可以帮助我们了解大脑的一些特征，帮助我们理解那些过于强大或难以动摇的驱力和思维习惯。例如，在第四章，我们会更仔细地研究与笑有关的大脑科学，比如为什么笑会首先进化出来，这反过来帮助我们进一步理解，我们在日常生活中何时以及为什么会笑（它与幽默的关系比你想象中要少得多）。

因此，进化论的解释不会完全从前面的章节中消失，但它们也不会是重心。对于大脑进化，无论你是一个不可知论者，还是一个彻头彻尾的反对者，你都可以从现代大脑科学中学会一些东西，因为在基础层面上，先天和后天的语言是同源的[14]。例如，我的大脑似乎在每制造一个成功的笑点时都会释放肾上腺素，这可能是因为数百万年的进化使我的 DNA 构造成这种方式。或者是我童年时期的一些独特环境，影响了我大脑中的这个回路。当然，最有可能的是两者兼而有之：大笑时肾上腺素的释放可能是人类的共同特征，只是在我的情况中有点夸张而已。但不管最初的原因是什么，我大脑中的回路就是这样，像是某种神经化学的老实泉（Old Faithful，译者注：位于黄石国家公园的间歇泉，喷发规律且持久）一样释放出肾上腺素。推测你的某个特质是来自你的祖先还是你五年级时的老师是件有意思的事，但你并不需要一个令人信服的答案就可以了解你大脑的内部活动。

当对话转向生物学塑造我们行为的方式时，这种理论经常会遭到谴责。有人声称，用生物学或达尔文的术语来谈论心智，是"生物决定论"，是一种高配版的种族主义、优生学和社会达尔文主义。这种担心在很大程度上是没有依据的。进化心理学探讨的是人类物种的共同特征，是什么让我们所有人不分种族和文化团结在一起，这与基于种族主义对生物起源的研究恰恰相反。

当然，事实上，进化心理学家对性别强调差异多于共性是令人担忧的。因为自然选择很大程度上取决于繁衍的成败与否，而且因为男人和女人在繁衍过程中承担的生物风险截然不同，又因为性别差异是数亿年，而非数十万年进化而来的，自然选择必然会为不同性别创造出稍微不同的大脑。从现代脑成像技术来看，男人和女人大脑的差异就如同他们身体的差异。他们有不同数量的神经元和灰质；一些与性和攻击性有关的区域，男性比女性大；女性左侧和右侧的（大脑）半球结合得比男性更为紧密。当然，这些大脑和他们所依附的身体部分由两种完全不同的激素塑造，即雄性激素和雌性激素，这两种激素在人类发育和成人生活体验中发挥着关键作用。男人和女人绝不是来自火星和金星，但说他们服用的药物（编者注：指激素）不同[15]是完全公平的。一个在心智上无法区分两性的世界，可能是一个有着较少冲突的世界，但也有点乏味。事实上，我们居住的世界也不是这样的。

所以写一本关于大脑科学的书却对性别的差异避而不谈，是一种不诚实的行为，是让政治凌驾于科学之上[16]，这对双方都不公平。

　　在过去的几十年里，某种类型的科学发现在媒体上出现已经屡见不鲜了。你可能看到过很多类似的内容，比如科学家们宣布，他们发现了一种特定的人类心理属性的起源。这个故事的两个标准变体是脑扫描版本和进化心理学版本。在脑扫描版本中，科学家们选择了一些特征或行为（例如，对糖的渴望），用脑成像设备在人们正经历着这种渴望时对他们的大脑进行扫描。在扫描过程中被激活的那部分脑区[在这个例子中是背侧纹状体（dorsal striatum）]，被认为是大脑的"渴望中枢"，不久之后，一份新闻稿就被起草出来了。

　　同一个故事的进化心理学版本遵循了一条不同的路径。科学家们没有定位神经起源，而是发现了历史根源：为什么一个特征会被选择的进化史。这是一门更具投机性的科学，但仍然是一门强有力的科学。它采用了一种解释性的方法，而不仅仅是描述性的方法，试图回答"为什么我们是现在这样的"这一终极问题。进化心理学家解释说，我们对糖的渴望是因为碳水化合物在非洲大草原上很少见，而现代人类的大脑就是在那里进化的。在一个环境中适用的经验法则（比如，如果你碰巧吃到糖，就尽可能多地吃），在另一个环境中，比如把可口可乐当水来喝的地方是不适用的。

　　这两个故事很有趣，从这两种方法中你可以学到很多东西，但是这两个故事都没有告诉你任何你还不了解的关于你现在的体验。你很熟悉自己对糖的欲望，虽然了解欲望的起源是件好事，但当你下次对那块巧克力糖垂涎三尺时，了解背侧纹状体的作用并不会有多大帮助。

如果科学要告诉你一些关于你大脑的有用的信息，它所阐述的必须比简单地解释一些人们所熟悉的心理现象的根源多得多才行。你的大脑充满了一群活跃的角色，它们共享着你头盖骨内的空间，虽然找到它们确切的住址很有趣，但这些信息还是无法让所有人都满意的。这种现象被称为"神经地图谬论"（neuromap fallacy）。如果神经科学主要擅长告诉我们"食物渴望中枢"或"嫉妒中枢"的位置，那么对于寻求新的自我意识的普通人来说，它的意义很有限。因为了解嫉妒在你大脑中的位置，并不意味着你能更清楚地理解这种情绪。当然，科学家和医生对这些神经地图很感兴趣，但对外行人来说，它们只不过是无足轻重的小事。

脑科学所能提供的最好的东西是以真正的认知形式出现的，这是在两种意义上的认知：一种内在的审视和一种新的理解方式。为此，我对自己为这本书编写的故事进行了一项测试。我称之为"长时程衰退"（long-decay）测试[17]，就像声波一样（或是半衰期较长的放射性物质），需要很长的时间才能慢慢消失。一些关于大脑的认知促使人们迅速认识到——所以这就是食物渴望的来源，然后这种认识很快就从脑海中消失。这些认知无法通过长时程衰退测试，它们不会对你造成任何深刻的影响。要想通过这个测试，这种认知必须在你第一次遇到它后的几周或几个月时间里不断盘旋在你的脑海里，它要能在你谈话或自我反省时突然出现，它甚至可能改变你的行为，因为它教会你一些关于你自己的东西。长时程衰退的认知，会像它所传递的信息那样，改变自己的形态。

在大多数情况下，我在书里提到的长时程衰退的认知与普通人的心智有着直接的联系，这些心智不受许多科学文献中所描述的极端条件的困扰，比如失忆症、帕金森病、阿尔茨海默病、躁郁症、多种形式的失语症。最强大的心智理论总是能应用于一般的有健康心智的人，而不仅仅是应用于那些有心智问题的人。西格蒙德·弗洛伊德（Sigmund Freud）的理论，部分是通过分析使人衰弱的歇斯底里症（hysterics）和精神分裂症（schizophrenics）而发展起来的，但精神分析最终吸引了如此多的人，主要是因为你并非一定要患有精神疾病才能从中找到有用的东西。你可以探索你的俄狄浦斯情结（Oedipal complex）、分析你的梦，即便你并不担心你的精神状态。我相信现代神经科学也应该如此：它与健康人和病人都有关，与我们这些在日常生活中与小胜利和小悲剧搏斗的人有关，也与那些同令人生畏的病魔搏斗的人有关。

免责声明：我试图写下的东西不是作为一种辩论或抨击，而是作为一种欣赏。想想艺术史学家或音乐学家如何帮助你在伟大的绘画或交响乐中辨别出新的品质；当你透过他们的眼睛注视或用他们的耳朵倾听时，你会有更宽广的知觉。脑专家可以帮助我们对自己的精神生活做同样的事情。在他们的指导下，我们开始注意到我们过去视而不见的反射和模式。了解大脑的机制，尤其是你自己的大脑机制，能像治疗、冥想或药物一样，有效地扩大你的自我意识。脑科学已经成为一种内省的途径，一种将你大脑的生理现实与你已经存在的精神生活联结起来的方法。今天的科学技术不再局限于告诉我们人类心智是如何工作的，它们还可以告诉我们一些关于你自己的心智是如何工作的。

与许多先进的科技不同，脑科学及其成像技术几乎可以被定义为一面镜子。它们捕捉我们的大脑在做什么，并将信息反馈给我们。你凝视着镜子，镜子里的影像对你说："这是你的大脑。"这本书讲述了我进入镜子的历程。

目录
CONTENTS

C HAPTER 1 第一章

Mind Sight
心智的视角

有眼可看、有耳能听的人都知道，没有一个人可以保守秘密。即使唇部保持静默，他也会用指尖动作喋喋不休，而且他的每个毛孔都在背叛他。

——弗洛伊德

我凝视着一双眼睛，扫视着眉宇间的弧线和内双的眼皮，试图判断它们发出的是挑衅还是恐慌的信号。我只能对着电脑屏幕上呈现的矩形照片做出判断，照片上只有一双眼睛，没有嘴巴或身体，也没有手势或语调的变化。当我完成了我的判断——这是一组挑衅的图片后，屏幕上弹出了另一组图片，我将继续进行测试。

　　这一巧妙的反向眼神测试（reverse eye exam）是由英国心理学家西蒙·巴伦－科恩（Simon Baron-Cohen）设计的。测试中，你将会看到 36 组不同的眼睛，有些笑得皱起了眉头，还有些凝视着远方的地平线、陷入沉思。每一张图片的下方是四个形容词选项，如：

　　　　苦闷沮丧（despondent）
　　　　若有所思（preoccupied）
　　　　小心翼翼（cautious）
　　　　懊丧后悔（regretful）

　　或者：

　　　　怀疑（skeptical）
　　　　期待（anticipating）

指责（accusing）

沉思（contemplative）

你的任务是选择最符合这张图片的形容词。那扬起眉毛，是表示怀疑，还是指责？这些眼睛来自不同的人，它们有的饱经风霜，还有的则涂了睫毛膏和眼线。这些表情的细微程度令人惊讶，我逐一翻看这一张张图片，我感觉自己在以一种全新的视角看待人的眼睛，我为人们的眼神交流所传递的信息范围感到惊讶。

然而，这个测试最终检测的并不是关于眼睛表达情绪的能力，而是关于一些令人印象深刻却又极易被忽视的东西：只依赖瞬时线索，大脑阅读信号、窥视他人内心世界的能力。在智商测试（IQ test）或学业能力评估测试（SATs）中，你并不会遇到这样的考题，但是这里检测的这种心智能力却和我们其他的认知能力一样重要。事实证明，人类大脑进化最伟大的成就之一，就是具有模拟其他人大脑中发生的心理事件的能力。

可能你会有这样的经历：你与同事或同伴参加了一场社交聚会，比如在公司的假日派对上，你遇到了一个竞争对手，你们表面上很要好，但背地里却存在一种双方都无法否认的竞争关系。刚遇到你的同事时，你们像往常一样开着玩笑。但不久之后，他向你承认他的职业发展出现了问题：也许是他在工作中失去了一个大客户，也许是奖学金申请被拒了，抑或写的一些短篇小说被退稿了。总之，都是坏消息。听到这样的消息，作为朋友也许应该表示关心和悲伤，但当他传达了这一消息时，你却只能故意扭曲面部来做出这样的表情。

问题是，你和他只是表面上的朋友。背地里，你则是一个想要对这个消息咧嘴大笑、幸灾乐祸的竞争对手。所以在那一刹那，当你听到他吐露那些与其命运有关的音节，他的语调甚至在话音未落时就透露出失望时，你露出了一丝笑容。

随后，一场复杂的内心活动开始了。当你的脸上装出一副尽职的关心时，你发现他的脸上闪过一瞬间的惊讶，好像在说："你刚才在笑吗？"也许他的目光突然锁定在你的瞳孔上，或者他在说到一半的时候停顿了一下，好像有什么东西分散了他的注意力。这时，你心想："他看到我的笑容了吗？"当你表示慰问时，你不禁会想，自己的话听起来是不是太残忍，而不是一种安慰。"他会认为我在假装同情他吗？以防万一，也许我应该冷淡一点。"

你应该很熟悉这种心中内在的对话，即使你是那种永远不会对别人的失败幸灾乐祸的人〔亨利·詹姆斯（Henry James）在他的文学作品中记录了这些微妙的互动〕。要激发我们内心的这种对话并不需要像柴郡猫（译者注：英国小说《爱丽丝梦游仙境》中，一只一直咧嘴笑的猫，它总是带着平静、诱人的微笑来掩盖自己胆怯的个性）那样的笑容。想象一下，两个还没有确认恋爱关系的人之间的对话，一方会担心自己在鼓起勇气表白前面部表情就会透露出爱意。有时，这种内在对话会喧宾夺主地盖过人们的对话，双方都在揣测对方的想法，导致谈话不自然。

这种无声的谈话（silent conversation），比如一闪而过的笑容、瞬间辨认出来的眼神、关于他人动机的暗自揣测，对我们来说太自然不过，以至于大多数时候，我们并未意识到自己陷入如此复杂的交流中。如此自然地产生复杂的内心独白，依赖于我们大脑中专门处理这种社会互动的部分。神经学家将这种现象称为"心智阅读"（mindreading）[18]——

4

它并不属于超感官知觉，而是基于一种更平凡，但令人印象深刻的感觉，对他人的想法进行有理有据的猜测。心智阅读是我们的本能，相较于地球上的其他物种，我们可以更容易且更细致地进行心智阅读。我们对他人的想法进行假设，就像我们将氧气转化为二氧化碳一样容易。

因为心智阅读是我们的一种本能，所以我们并不会专门在学校教它，也不会在考试中测查这种能力。但它与其他技能一样，每个人的能力都不一样。有些人是熟练的心智阅读者，他们能捕捉到他人语调上微妙的变化，而后轻而易举地调整自己的反应；有些人却像开麦克卡车一样小心翼翼，不停地反省自己或询问他们的谈话对象；还有些人则是"心智盲人"（mindblind），他们完全听不懂他人的内心独白。

即便我们不会在学校里传授这种特殊技能，也鲜有词汇来描述它，但心智阅读能力却在我们的工作和人际关系的成功、我们的幽默感、我们的社会自在性上发挥着关键作用。但要达到这些效果，你必须停止认为心智阅读能力是与生俱来的[19]，你必须慢下来，探索内心对话的潜在过程，认识内心活动的神奇之处。

20 世纪 90 年代末，猴子大脑中镜像神经元[20]的发现促进了我们对心智阅读的理解。当猴子执行某一特定任务（例如，抓住一根树枝），或看到另一只猴子做同样的任务时，它的神经元就会激活。这表明大脑被设计成具有可以将我们和其他个体的身体及心理状态进行类比的功能。与此同时，研究人员探索了这样一个假设，即自闭症患者患有某种心理障碍，这阻止了他们建立关于他人内心独白的假设。在相关研究中，进化心理学家开始思考在比人类低一等的社会物种中是否存在心智阅读现象，他们检验了黑猩猩群体（编者注：因为人类是进化而来的，如果我们具有某种能力，那么在低一等的动物身上应该也有这种能力的痕迹）。而其他科学家推测镜像神经元与语言起源[21]之间具有联系，因为所有形式的沟通都要预先假定你的沟通对象具有沟通的意愿和能力。对于语言的进化，人类需要建立一个关于他人心智的可行理论，否则他们只是在自说自话。

现在，让我们回到公司聚会上，回到你还没来得及挂上同情的表情，半掩的笑容就从你嘴角出现的那一刻。这时发生着什么？大多数时候，你都会带着这样一种假设：你是自己的主人，你有一个统一的自我，以一种相对直接的方式控制自己的行为。但是，你那露齿一笑却违背了大多数时候你对自我具有控制力的假设，因为你正竭尽全力地去阻止自己露出微笑。你试图表现出关心、沮丧和充满同情心的样子，但是你的嘴角却想上扬微笑。所以，这究竟是谁的嘴？

答案是你的嘴有好几个主人，其中一些是大脑中负责调节情绪状态的子系统。人们在真正喜悦的时刻做出的微笑并不是一种习得的行为，在地球上的所有文化中，微笑都代表着幸福的内心状态。天生聋盲的儿童[22]与正常儿童按照同样的发展时间开始微笑。但究竟是什么让人们开心就存在文化差异了，《青蛙腿》（编者注：一部美国电影）和史蒂文·西格尔（Steven Seagal）的电影（编者注：以寡敌众式的英雄主义电影）在法国并不能引起观众的兴趣就可以证明这一点。此外，假笑，就像美国空乘人员笑着对你说出"再见啦"，也具有文化上的差异，但真正的幸福在所有正常的人中都表现为微笑。

具有讽刺意味的是，空乘人员的强颜欢笑表明了微笑反射的真正本质。一个半世纪前，法国神经学家杜兴·德·布洛涅（Duchenne de

Boulogne）使用当时最先进的摄影和电力技术，探究人类面部表情的肌肉基础。杜兴拍摄了被试不同的情绪状态，并试图通过微电流刺激面部肌肉的收缩，从而自动模拟他们的表情（杜兴的实验图片看起来就像来自九寸钉乐队的视频一样）。1862年，他在一本名为《人类相貌机制》（*Mechanism of the Human Physiognomy*）的书中发表了自己的研究成果。十年后，达尔文在他的畅销书《人和动物的情感表达》（*The Expression of the Emotions in Man and Animals*）中广泛引用了这一理论。但是杜兴的研究很快就被人们淡忘了，直到一个多世纪后才被加利福尼亚大学旧金山分校的心理学家保罗·埃克曼（Paul Ekman）[23]发现，埃克曼现在被公认为是世界上面部表情领域的权威专家。

杜兴的著作中被引用得最多的是微笑。虽然杜兴使用的研究工具很简陋，但他确定了真正的微笑和假笑使用着完全不同的面部肌肉群——最明显的差异表现在鱼尾纹上。鱼尾纹在真实的微笑中会出现，但在虚假的微笑中不会出现（为了纪念这个长期被忽视的前辈，埃克曼把真正的微笑命名为"杜兴式微笑"[24]）。控制眼睛微笑的肌肉被称为"眼轮匝肌"（orbicularis oculi），它的激活已经被证明是人们发自内心的快乐的指标。现代脑部扫描技术显示，大脑中快乐中枢的活动与眼轮匝肌的活动是同步的，但只用嘴角做出的假笑不会激活快乐中枢。下次，如果你想知道，笑容满面恭送你出门的服务员是否真的想让你度过愉快的一天，不妨看看他眉毛的外边缘。如果他笑的时候眉毛的外边缘没有微微下坠，那他就是在假笑。

杜兴对人们微笑时肌肉基础的认知使我们更容易发现他人的虚假快乐，但更为重要的是，他也教了我们关于自我和情绪的一课。杜兴式的微笑并不受意识控制，你可以有意识地在脸上装出一个假笑，但是真正的微笑是情不自禁的，后者受到意识控制的只有一部分。这一点在中风患者的研究[25]中得到了最为生动的印证。一个中枢性面瘫的患者由于神经损伤无法自主地控制面部肌肉活动，具体无法移动左边还是右边的面部取决于神经损伤的位置。当这些人被要求微笑或大笑时，他们会产生不对称的笑容：一边的嘴角弯曲上扬，另一边则保持不动。但是当他们听到一个笑话或被挠痒痒的时候，他们两边的嘴角都会上扬，整张脸因为笑容的出现而充满生气。

这就是微笑有多个主人的原因：有时它是由情绪系统引发的，而另一些时候是由自主控制面部运动的脑区引发的（当然，根据脑区的不同，微笑的表达也会略有不同）。所以当听到对手不幸的消息时，你为什么会不经意地露出笑容呢？这是两个大脑系统争夺对同一张面孔的控制权的结果。大脑中控制自主肌肉运动的部分［被称为"运动皮层"（motor cortex）］发出指令，要求面部表现出同情；但是，你的情绪系统却要求你露齿一笑。你的面部不能同时满足两种要求，所以它对两种要求都有一些反应：咧嘴一笑很快变成了一种充满担心的真诚的表情。

这就是公司聚会带给我们的第一课：**你的大脑并不是一台拥有统一中央处理器的通用计算机，它是一组相互竞争的子系统［有时被称为"模块"（module）[26]］的集合，这些子系统各有分工，各有所长。**大多数时候，我们只有在这些模块的目标不一致时才会注意到它们；当它们协同工作时，又会融合成一个统一的自我意识。严格来说，多重自我的概念并不是脑科学发现的。艺术家和哲学家们都描述过，我们在完整的外表之下是多么支离破碎。最著名的是一个世纪前的那些现代主义作家，他们撬开了人们的心灵。弗吉尼亚·伍尔夫（Virginia

Woolf）在《达洛维夫人》（*Mrs. Dalloway*）一书中记录了两种自我模式之间的斗争：

> 她曾几百万次[27]看到自己的脸，每次都有着同样的、不易察觉的微微缩拢的表情。她照镜子时会噘起自己的嘴唇，这是为了突显她的面部特征。那就是她的自我——脸儿尖尖、像只飞镖、清楚明确。那就是她的自我，当某种努力、某种让她做自己的召唤将她的各个部分聚集到一起时，只有她一人知晓这和平时的自己有多么不同、多么不协调。她只是为了外部世界才把自己凝聚成一个中心，一颗钻石，一个坐在客厅里筹备一场聚会的女人。

弗洛伊德有一个著名的观点，他把人的心理（psyche）比作一个三股力量角逐的战场：本我（id）、超我（superego）和自我（ego）。现代对大脑的理解粉碎了弗洛伊德早期的观点，并将大脑分为几十个组成部分，一些部分专注于核心的生存任务（如心跳调节和"战斗或逃跑"的本能），其他部分专注于更平凡的技能（如面部识别）。从真正意义上说，你的人格是各个模块的不同优势的集合——它们是由先天和后天、基因和生活经验共同塑造的。换句话说，你是大脑不同模块的集合[28]。

如果心智的模块化本质是隐藏的，我们往往看不见，那么我们怎么才能看到统一自我的背后，一睹那些相互作用的组成部分呢？我们有几种选择。在一些关于病理案例的研究中，比如奥利弗·萨克斯（Oliver Sacks）在他的著作《错把妻子当帽子》（*The Man Who Mistook His Wife for a Hat*）中提到，我们通过对病人的研究来检测这些模块的存在，这些病人都受到了特定的脑损伤，他们有一两个模块被切除，而其余部分的脑功能正常。或者，我们可以通过对吸毒者的研究来更直接地体验[29]大脑的模块性，毒品会破坏大脑的运作机制，就像把老虎钳扔到正在运转的机器中，使某些模块的功能发生了改变（这就是为什么吸毒者常常无端听到声音）。再或者，你还可以使用如今的脑成像技术直接观察大脑内部的运转。

　　另一种更有趣的探索模块化心智的方式，是通过错觉（illusions）以及大脑玩的各种把戏来进行。视错觉通过触发视觉系统中不同子模块之间的冲突来揭示模块的存在：区分背景和前景的模块，识别物体轮廓的模块，或是在三维空间中定位物体的模块。你还记得童年时期玩的原地转圈的游戏吗？当我们突然停下来时，却感觉旋转还在继续。在这个游戏中，当你以顺时针方向转圈时，房间里的物体以逆时针方向从你身边经过。但当你停下来的时候，你会感到眩晕，整个房间似乎在以相反的方向旋转，你仿佛正站在旋转木马的中心静止不动。为什么在你停止转圈之后，房间似乎还在旋转？为什么它会向相反的方向旋转呢？

　　这个童年游戏揭示了大脑模块检测运动的方法。大脑评估你是否在运动主要依靠两类信息：来自视野的信息和来自内耳前庭半规管内晃动的液体的信息。大多数情况下，这两个副官向指挥官传送的信息是一致的。但当你突然停止转圈时，内耳中的液体因惯性作用会继续晃动几秒钟，而你的视觉会立即对运动的停止做出反应。因此，大脑的触觉中枢接收到相互矛盾的信息：内耳报告你仍在移动，但眼睛报告你已经静止了。大脑解决这一矛盾的唯一方法是假设两个信息都是正确的：你仍然在旋转，但这不太对劲儿（编者注：和平时转的时候相比），因为房间里的物体变成和你一样的方向运动了。世界还在旋转的错觉实际上是你的大脑为了协调接收到的相互矛盾的信息而做出的一个绝妙的解释。当然，这不是正确的解释，但它具有启发性。

在解释公司聚会上那个无心露出的笑容背后的原因时，模块之间的分歧是一个还不错的答案。你大脑中的一部分想要微笑，另一部分想要表示同情，结果你就"失态"了：嘴巴和眼睛流露出的笑容，恰恰是你的社会自我想要压抑的。这里的教训是，模块之间的控制结构[30]常常与每个模块本身的优缺点一样重要。大脑是一个网络，网络中每个节点与其他节点联结的方式是其高级属性的重要组成部分。即便是在大脑的宏观结构中，节点间的相互联结也和每个节点的自身结构一样重要。男性和女性在神经解剖学上的一个显著区别，就在联结大脑左右半球[31]的胼胝体（corpus callosum）上，女性的胼胝体要比男性大得多。现在我们认为，胼胝体连通性的增加使女性比男性更善于协调两个大脑半球时常发生的矛盾。

有些人擅长抑制笑意，而有些人却不擅长。有些模块更擅长取代其他模块，而有些模块则更为顺从。从广义上说，成长的过程可以被看作大脑中较晚进化出的前额叶皮层对情绪中枢［如杏仁核（amygdala）在恐惧反应中发挥重要作用］的缓慢征服，前额叶区域负责控制自主性动作、长期规划以及其他更高级的功能。婴儿生来就有发育良好的杏仁核，这解释了为什么他们刚出生就很懂得害怕，但他们的前额叶区域则需要到童年后期才能发育成熟。

因此，大脑不仅是一个由不同模块组成的网络，而且这些模块有时会相互竞争。大脑的模块系统不能简单地被想象成一张神经学的成绩单：人脸识别的成绩为 B+，而心智技能的成绩为不及格。这是因为模块之间相互作用，有时抑制，有时增强，有时又会以新的方式翻译或解释。因此大脑不是一系列稳定的人格特征，它更像是一个生态系统，各模块之间相互竞争和依赖。因此，我们学到的第二课是：**大脑是一片弱肉强食的森林**[32]。

因此，如果你对当时那个背叛的笑容有了一定的了解，那么探测这个笑容的系统又是怎样的呢？当你的同事说到一半，第一次意识到你可能在默默庆祝他的坏消息时，他的脑海中就开始出现心智的无声对白。因为你的眼轮匝肌出卖了你内心的状态，而这是一个再恰当不过的信号。心智阅读在很大程度上是一种关于眼睛的阅读[33]，我们通过观察他人的眼睛来了解其想法。眼睛对于脑科学家所说的"他心理论"（theory of other minds）的形成至关重要。

心智阅读和眼睛阅读之间的联系在童年早期就已出现。事实上，这种联系出现得太早，以至于不太可能是后天习得的产物。在一岁的时候，大多数婴儿就擅长一种叫作"目光监视"（gaze monitoring）的行为：当他们看到你朝房间的一角看去时，他们也会转身朝那个方向看，然后再回头看你，确保你们看到的是同一件东西。因为我们能够做得很好，所以目光监视看起来并不是什么了不起的成就，但它需要对人类视觉器官具有非常精细的理解，这种精细程度不可能仅仅是文化学习的产物。

想想目光监视意味着什么。第一，你必须明白，每个人对世界都有着自己的感知，你与他人的感知并不相同。第二，一些感知通过他们的眼睛进入他们的大脑。第三，你可以从人们的瞳孔向外画一条直线来确定他们所看到的物体。第四，当瞳孔移动时，意味着人们的视线转移到了另一个物体上。因此，如果你想知道别人正在看什么，你只需要跟随别人瞳孔的运动，把你的目光转向他们所关注的物体。

如果这种目光监视的技能纯粹是一种后天习得的行为，那么它需要一个四岁的儿童在学校学习一个月才能掌握。婴儿几乎连如何使用勺子都学不会，更不用说跟踪视网膜运动并推断他人的内部心智状态了。婴儿无法学会目光监视，但是他们仍然能这样做——因为他们的大脑中包含着某种机制帮助他们进行目光监视，这是一种心理物理学的观点：人具备心智；人脑可以感知不同的事物；这种感知的一部分通过眼睛产生；如果你想知道别人在想什么，看看他的眼睛。这些生物线索在生命早期就开始了：一项研究发现，两个月大的婴儿就更喜欢注视他人的眼睛，而非脸上的任何其他部位。

随着年龄的增长，我们会仔细观察人们的眼睛，寻找更微妙的线索：不仅是他们在看什么，还有他们在想什么、感觉什么。因为我们的情绪系统直接与面部肌肉相连，就像杜兴式微笑一样，我们可以通过观察别人的眼睛或嘴角来准确了解他们的情绪。正如我们在公司聚会上交流表现的那样，有时候，人们的眼睛流露出来的线索比他们对自己情绪的口头描述更能准确地说明问题。你会相信谁，我还是我那双会说谎的眼睛？

目光监视和情绪表情的识别是两种基本的心智阅读系统，但我们也会使用其他技巧，比如我们通过判断他人说话语调的变化以发现情绪上的细微差别。我们设身处地为他人着想，这被认知科学家称为"心智阅读的模拟理论"（simulation theory）。根据这一理论，你的大脑实际上是在模仿别人的大脑，从而预测别人的感受。

每当你与他人互动时，你的大脑都会运行这些程序。当你和别人谈话时，你需要仔细地训练或用尽全力分散自己的注意力才能阻止你推断别人的心智状态。心智阅读是一个后台进程，它为前台进程提供反馈，我们能够意识到它给我们带来的洞察力，但通常不知道我们获取信息的过程及能力如何。

我们复杂的心智阅读能力有一部分来自我们作为社会灵长类动物的遗传，由于我们的大脑是进化而来的（这种进化也在继续），在我们的基因中包含了许多构建他人心智状态的机制。在复杂的社会环境中，能够战胜他人或与他人合作对生存至关重要。因此，正如一些动物进化出了神经系统能适应突如其来的动作或声响一样，我们的大脑也越来越擅长构建他人大脑的行为。整个神经系统都围绕着这样的期望，即你将花费大量的时间来管理这样或那样的社会关系。你的脑天生就会[34]期待一个有氧气、重力和光的环境，也会期待一个由众多其他人的大脑组成的环境。因此，我们学到的第三课是：**在内心深处，我们都是外向的人**[35]。

我们都是外向的人，除了那些大脑在发展过程中没有形成正常心智阅读系统的人。很多神经系统疾病会损害我们的社交技能，其中最常见的是通常被称为"自闭症"的一种谱系障碍。

自闭症患者拥有许多常人所缺乏的技能：他们往往拥有近乎照相般的记忆力和惊人的数学能力。他们对机械系统（包括计算机）相关的内容驾轻就熟。但自闭症却极大地损害了他们的社交技能。尽管自闭症患者通常可以用语言进行学习和交流，然而他们在与他人的交流中似乎欠缺了什么，他们的社交举止存在着一些奇怪的距离，他们在情感上似乎是疏远和冷漠的。

如今，许多专家认为这种距离源于一种独特的神经系统疾病，即自闭症患者存在心智阅读能力上的损伤。与自闭症有关的社交距离，是大脑模块化本质的一个生动例子：自闭症患者的智商通常高于平均水平，他们的一般逻辑能力无可挑剔，但他们缺乏社交能力，尤其是对他人内心的想法进行实时评估的能力。自闭症患者必须去学校学习如何读懂面部表情。对他们来说，理解情绪至少和我们学习阅读一样具有挑战性。当你在谈话时，你不会对自己说："啊哈！他右边的眉头皱了起来，他一定很高兴。"你只觉得他脸上有一种快乐的表情。但自闭症患者必须进行上述这种深思熟虑的分析，记住哪些表情与哪些情绪有关，然后在人们说话时积极研究他们的面部表情，寻找线索。对于蹒跚学步的孩童，自闭症的早期预警因素之一是无法进行目光监视（gaze monitoring）。就好像自闭症患者生来就没有其他人与生俱来的社交能力，他们似乎是"心智盲人"。

西蒙·巴伦–科恩认为自闭症的症状是连续分布的：虽然有些人显然患有极端严重的自闭症，但大部分人只是轻微的"心智盲人"（因为自闭症在男孩中的发生率是女孩的十倍，所以巴伦–科恩认为这种障碍应该被视为一种极端的男性大脑倾向[36]，而不是一种不连续的畸变）。在数学和物理学的发展史上有许多边缘性的自闭症患者，他们有很强的数量感知能力，但社交能力有限。我们都知道聪明的人通常在社交场合表现不佳，似乎心不在焉，抑或无法领会我们的情感暗示。然而，即使你是一个特别敏锐的心智阅读者，你也会有自己的"自闭时刻"，有时候你会机械地与他人对话，实际上迷失在自己的内心世界中。如果你在这个领域里花了足够多的时间阅读文献，你可能会不由自主地将你的朋友和同事划分成有天赋的心智阅读者（mindreaders）和心智阅读困难者（mind-dyslexics）。当你与他人交往时，你开始评估自己的心智阅读能力。心智阅读能力成为你评价自己和他人的基本词汇：有些人有敏锐的幽默感，有些人是快速学习者，有些人则是优秀的心智阅读者。

如果自闭的程度是连续分布的，那么每个人都可以在这个分布中找到自己的定位。你可以做一个由巴伦-科恩和他的同事们编写的简单测试——自闭症商数测试（Autism Spectrum Quotient）。你需要在网页上回答关于你自己的 50 个问题，然后系统会反馈你一个数字（范围介于 1 至 32）。这个数字的数值越高，表示自闭的程度越高（中位数是 16.4）。这并不是严格意义上的科学，因为它依赖于自我评价，而且问题本身也相对宽泛。但如果你相信自己有评估自己人格各个方面的能力，那么这个测试能为你提供一个大概的自闭症商数（AQ）。

这些问题的回答可以是"绝对同意""有些同意""有些不同意""绝对不同意"。

我经常发现我不知道如何让对话继续下去。

当有人和我说话时，我发现"言外之意"很容易理解。

我通常更注重全局，而不是细节。

我不太擅长记住电话号码。

我通常不会注意到情境中或某个人外表上的细微变化。

……

如果你对自闭症或是其他的一些心智理论有所涉猎，那么这些问题背后的目的似乎也就一目了然了。比如，当我参加测试的时候，我带着一种疲倦的状态浏览了一下这些问题：这是关于面部表情的问题，这是关于数字记忆的问题。如果你一定要知道，我得了 15 分，低于平均水平。但当我完成测试回头去看时，我才意识到我对这个话题的熟悉使我没有看到测试的一些精彩之处。想想最后两道题，"我不太擅长记住电话号码"和"我通常不会注意到情境中或某个人外表上的细微变化"。如果你对自闭症有所了解，然后来参加测试，你会立刻将这两句话放在自闭症商数谱系上相反的两端。你会认为，自闭症患者擅于记住电话号码，却不擅于注意别人外表上的细微变化。但如果你对自闭症一无所知，仅仅是带着对人类心理的常识性理解来参加测试，那么这两道题所代表的两种属性看起来很难是对立的。你可能会认为对电话号码有良好记忆力的人，更有可能会注意到其他人外表上的细微变化：这个人注重细节，擅于记录小事，这些特征看起来并不是相互对立的。但如果你对自闭症背后的脑科学机制有所了解，你就会发现这两种特质是完全相反的，因为数字感知能力和心智阅读能力并不仅仅是一般智力的结果，它们各自属于特定的模块，然而，一些未知的原因让他们在神经网络中被共轭地放在一起。

这是神经科学对自我意识的关键认识之一：一个领域的优势或劣势往往可以预测另一个看似无关的领域的优势或劣势。我们仅凭直觉就知道，擅长加工语言的人可能不擅长处理视觉信息，或者盲人的听觉可能比视力正常的人更敏锐。但是，如果你认为擅长在头脑中分解圆周率的人通常不擅长追踪他人的眼球运动，你可能不大会得到赞同。然而，事实却是如此。从现代脑科学的角度来说，你越了解心智就越能认识到，你所拥有的某个孤立特质并不一定是孤立的——我们的大脑充满了零和博弈（zero-sum game），在这个博弈中，一方的天赋以另一方的牺牲为代价。这种博弈有时平衡的是相关联的技能，有时是联系不太大的技能。因此，我们最后的原则是：**你的大脑里有一些奇**

怪的人住在一起。

心智阅读是一个长时程衰退的想法吗？这个想法会改变我们的自我意识吗？我认为它是。但要理解这种重要性，你不能把心智阅读简单地等同于"同理心"（empathy）。我们都知道那些更容易移情的人对他人的感受更为敏感。同理心是一种强大的人类特质，我们不能低估它在人类社交互动中的中心地位。同理心也不是什么新鲜事，我认为真正新奇的是，我们的心智一秒接一秒进行着的本能的心智阅读之舞，比如在公司派对上的心智斗争。同理心是你的意识能够感知的，比如你对自己说："看到她这么伤心，我的心都碎了。"而心智解读比这更快、更无形，它以闪电般的速度收集信息，比如短暂的音调变化、表示犹豫的停顿、短暂而好奇的扭头等。一旦信息被解读出来，你可能会有意识地对其进行评估——"为什么她似乎对这个消息感到震惊？"但解读这一行为本身更接近于反射，而不是经过深思熟虑或分析的行为。我们用一个经常用来形容表演者的习语来描述心智阅读：感受到你的听众的感觉。感受到听众的感觉和对听众的感受敏感是不同的，后者指的就是同理心。

在我开始读有关心智阅读的神经科学书籍之后的几个星期，我发现自己在与朋友或新认识的人交谈时，脑海中总是会浮现出第二层级的后设内心独白。此前我总是观察他们的面部表情来寻找反映他们内心状态的微妙线索，而现在我观察的是他们对我的表情的反应，来推测他们心智阅读的能力。在一次晚宴上，我听一个朋友兜了很多圈子来讲述一个本应30秒讲完的故事，突然意识到我多年来对他的直观感受（虽然从未真正用语言表达出来）：他是一个心智阅读困难者。我终于明白了这么多年来，为什么我如此喜欢和朋友（其中很多是女性）

一起交谈，因为我们内心的对话其实和外在的一样丰富多彩。我把自己放在同一个显微镜下，我注意到在某些社交场合里，我会更容易"锁定"我的谈话对象；而在其他场合，我的心智阅读接收触角却收不到信号。这种共鸣是长时程衰退认知的标志——它就像一首卡在你脑中的曲调，无论走到哪里，你都情不自禁地哼唱。

我对心智阅读的思考越多，就越想量化自己这方面的能力。自闭症商数测验激发了我的兴趣，但它太过主观，它所评估的技能既与分析面部表情的局部反射有关，也与更宽泛的同理心有关。我想要的心智阅读能力测验需要像视力测试那样精确，我想如果有谁能帮助我完成这个任务，那一定是西蒙·巴伦 - 科恩。这就是我最终发现自己为什么会在计算机上翻看那些眼睛的图像，思考下垂的眼皮和皱起的眉头代表了什么。

在我真正坐下来进行眼神读心测验（reading the mind in the eyes test）之前，我已经读了一些相关的知识。在实际操作中，我发现它比我想象中难得多。研究情绪的学者倾向于将人类情绪分为两大类：快乐、悲伤、恐惧、愤怒、惊讶和厌恶等六种主要情绪，以及尴尬、嫉妒、内疚和骄傲等四种次要情绪。我想这个测验应该是需要将这十种情绪中的一种映射到眼睛上，这似乎很简单。

但当我真正开始读测验指导语时，我震惊地发现，描述情绪状态的词汇表竟然长达数页——共有 93 种情感，从"目瞪口呆"（aghast）到"踌躇不定"（tentative）。我本以为我需要在"快乐"和"悲伤"之间做出选择，但测验让我区分的是"轻浮"（flirtatious）、"顽皮"（playful）和"友好"（friendly），或者"不安"（upset）、"担心"（worried）和"不友好"（unfriendly）。在我读完指导语后，一个令人不安的想法突然出现在我的脑海里："我这次考试要不及格了。"我不可能在两只眼睛的静态图像中发现如此微妙的情绪。也许我的自闭症商数并不准确，如果是没有自闭症的人能够读懂如此复杂的眼神，那么也许我和雨人（Rain Man）之间的距离远比我想象的更近（译者注：雨人，电影《雨人》中的人物，患有自闭症）。

测试始于一张黑白照片，上面有一双老人的眼睛，看起来像让·科克托（Jean Cocteau）电影中的特写镜头。老人的左眼睁得大大的，右眼有点耷拉。相应的情绪选项包括"厌恶"（hateful）、"恐慌"（panicked）、"傲慢"（arrogant）和"嫉妒"（jealous）。我的第一个反应是选择"恐慌"，但当我研究那只右眼时，我又有了新的主意。那里是否有一丝愤怒的意味，或者是受伤的感觉，像是一个嫉妒的丈夫在另一个男人的怀里发现了自己的妻子？我越仔细观察图片，就越难清晰地分辨出这是哪种情绪，最后我决定跟着最初的直觉走。

我转向下一张图片，这是一双年轻的眼睛，看不出男女，这双眼睛非常对称，伴有轻微的斜视。我对自己说："这就是人们所说的眼中闪着'微光'的意思。"第一个情绪选项是"顽皮"（playful），我马上说："就是这个。"但后来我继续往下读，另外的选项是"安慰"（comforting）、"烦躁"（irritated）和"无聊"（bored）。这当然不是无聊，但也许是一种安慰和同情。微光到底代表了什么？当我试图寻找微光的特定性质时，它似乎消失了。因为当我在寻找那种最初的"有趣"情绪时，我从这双眼睛里发现了一丝恼怒。真是疯了！我想我可能过度分析了这些图片，我最好还是跟着直觉走，因为这本来就是用来测试直觉反应的。我选了"有趣"，然后继续测试。

随着测试的进行，我在坚持最初的直觉方面有了一些进步。但对于每一张图片，我分析的时间越长，最初的那种情绪感受就越弱。除少数图片外，我对大部分图片都是在看第一眼时就有了深刻的情绪体验，但当我再次思考时，我却对自己第一眼的决定产生了怀疑。到最后，我觉得我大概会答对一半，但考虑到这些图片所呈现出的情绪上的微妙差异，这似乎是一个相当不错的成绩。

但事实证明，我对自己的评估大错特错。在 36 道题中，我只错了 5 题，而不是 18 道题。最初的 17 张图片，我猜测的正确率是百分之百，尽管我对它们还有第二种猜测。这是一个有趣的测试，你认为自己要不及格了，最后却得到了 A（或者至少肯定是 B+）。尤其是你所有的答案都建立在你的直觉反应之上，而忽略了在测验中企图去做的深入分析。当我试图有意识地解读这些图像，观察每一片眼睑、每一道细纹，试图寻找情绪的符号时，这些信息反而变得毫无意义。但当我让自己不假思索地去看时，内在的情绪反而表现得很清晰。我无法解释是什么让眼神闪着微光，但当我看到它时，我就知道。

如果和雨人的自闭症有所联系的话，那答案就在这里了，在本能的"直觉"[37]中，在迅速清晰而不像是思考而来的心智计算中。后来，我想起了自闭症患者倒空了一盒火柴棍的经典故事，他们能够立刻准确地"看到"到底有多少根火柴棍散落在地上。这个数字突然在他们脑海中弹出，就像我们看见脸孔般鲜活自然。他们对数字有一种直觉，就像我们大多数人对"有趣"和"恐慌"的情绪有直觉一样。

只是这两种感觉并非来自直觉。当我完成测试后，我问巴伦－科恩[38]在我分析图像时，我的脑中发生了什么。他解释道："我们对接受'阅读眼睛'（reading the eyes）测试的人进行了功能性磁共振成像（fMRI）扫描，我们发现他们脑中的杏仁核会在试图弄清他人的想法和感受时变得活跃。但对于自闭症患者，他们的杏仁核活动明显没有这么活跃。"在许多方面，杏仁核是大脑的"直觉"中枢，涉及各种情绪加工。最近，它被证明在人类对恐惧的理解中起着核心作用（我们将在下一章继续讨论）。当人们有一种"直觉的不安"，或者被恐惧"紧紧抓住"时，这种反应很可能是由杏仁核触发的。因中风或头部受伤导致杏仁核受损的人也会经常报告说，他们无法察觉他人脸上的恐惧表情[39]。但正如巴伦-科恩的实验所表明的，恐惧只是杏仁核感知到的一种情绪。他对我说："我的直觉是，杏仁核实际上是用来检测各种情绪的。"

受到被试具有精细的情绪识别能力的启发，巴伦-科恩开始了一个更雄心勃勃的探索："我们决定弄清楚人类究竟有多少种情绪。"他首先从字典、辞典、百科全书等词库中提取与情绪有关的描述，得到了一个包含数千个词汇的列表。在一位辞典编纂者的帮助下，巴伦-科恩和他的团队淘汰了其中的同义词，得到了相互独立的情绪概念集。

"我们得到了一个数字，412。"他笑着说。

英文中有412种独立的情绪概念。事实上，从我们的词汇中包含了如此多的表达情绪状态的形容词，再结合非自闭症患者在眼神读心测验中的表现，可以得到这样一个观点：我们对情绪的变化极其敏感，是与生俱来的。巴伦-科恩最新的任务是开发一种工具，帮助那些对他人情绪上的变化非常迟钝的人。他说："我们所做的是，让演员做出这412种情绪所对应的面部表情，然后把它们刻录在一张DVD里，它就像一本情绪百科全书。"

"它是为那些在自闭症测试中得分较低，并且想以一种稍微人工的方式学习情绪识别的人设计的。"因为自闭症患者通常拥有一些高于平均水平的技能，巴伦－科恩称之为"系统化"能力，即学习特定系统的规则，并将其分解为不同部分的能力。所以提升自闭症患者情绪识别能力的一个选择是将人脸系统化。

巴伦－科恩补充道："这不是用直觉的方式接近他人，但你可以学习情绪表达的规则，然后试着读懂别人的表情。就像学习第二语言，我们坐在那里拿着一本语法书，运用语法规则，试图用一种不同于母语者的方式来理解这门语言。"这两种方法产生于大脑的不同区域：直觉识别集中于杏仁核，系统化的能力在高等逻辑和语言的所在位置——新皮层。

杏仁核和新皮层之间的冲突，解释了我在眼神读心测验中的优柔寡断。我的直觉反应立即从杏仁核中闪现出来，而后新皮层开始以更系统的方式分析图片。但我还没有训练我的新皮层去识别情绪，也还没有花时间去读巴伦－科恩的百科全书——恰恰是因为我的杏仁核本身就能做得很好。因此，我对图片进行的逻辑分析越多，答案就越不清晰。下次当你遇到新朋友时，如果别人建议你要相信自己的直觉，不要理会这些建议。你的直觉与这些毫无关联，但是你一定要相信杏仁核。

在亨利·詹姆斯的小说《金碗》（*The Golden Bowl*）的开头，有一个关键的场景：新婚不久的玛吉走进来，发现她深爱的父亲——丧偶多年的亿万富翁亚当·沃尔沃——正在和一位年轻女子调情。玛吉突然意识到，她的婚姻创造了一种新的可能性：在以单身身份和唯一的女儿生活多年后，她的父亲可能会再婚。从某种意义上说，这本书的内容就是按照她当时的这个想法展开的：父亲最终还是娶了一个女人，并且引发了一系列灾难性的后果。但是，在开头的这个关键场景中，父女之间并未展开对话，正如你在文学作品中看到的那样，这是精准的、抒情的心智阅读：

> （玛吉的出现）以一种世界上最奇怪的方式给亚当·沃尔沃带来了一种全新而强烈的感觉。这真是不可思议：这种感觉一下子就扩散开，就像一朵花，最奇怪的一朵，在瞬息间开放。那个瞬息不是别的，其实就是他女儿的眼神——他看到她的眼神，从那个眼神中，他看出了她完全理解了她不在时所发生的一切。

视觉的交流在双方间展开，当亚当·沃尔沃先生凝视着女儿的眼睛时，女儿也反过来意识到了他所意识到的内容：

> 在玛吉站在那儿还未开口说话之前，他已经意识到了这一点。而且通过他看到的她的所见，他意识到了她看到他发生的一切……她的脸无法对他隐藏；最重要的是，她很快就意识到他们俩都看到了[40]这一点。

詹姆斯用了十页篇幅来刻画他所谓的"无声的交流"——放慢磁带的速度，分析每一次情绪波动和每一个无言的暗示。这段话给了我们一个很好的例子，从两个层面说明了人类心智的感知能力。首先，父亲和女儿之间有一段无声的对话，两个人都读到了穿越房间的那两道目光中所包含的信息。之后，我们拥有了詹姆斯一般的观察力。詹姆斯意识到了父女交流的深度，并用足够长的篇幅进行刻画，让我们能剖析它的微妙之处。

我提到这一场景，是因为我认为詹姆斯在这里所做的，与脑科学为自我意识所做的事情具有一致性。它帮助我们以一种全新而清晰的方式看待我们的社会互动，发现一些长期模式或瞬间的本能。否则这些都可能会被我们忽视，有时是因为它们在意识之下运作，有时是因为我们对它们太熟悉了以至于看不见。科学家和小说家的眼光各有不同：詹姆斯没有提供一个有效的理论来解释亚当·沃尔沃是如何从匆匆一瞥中收集这么多信息的，而脑科学家则通常不会把他们的见解编织成扣人心弦的故事。但这两种方法都可以阐明心智的活动。用詹姆斯的话说，他们给了我们辨别的能力。

近年来，每当脑科学和艺术产生分歧，争辩通常都是以进化心理学的方式展开：达尔文的方法对我们了解艺术的文化成就[41]有帮助吗？这些冲突中之所以存在这样的争辩，是因为在某种程度上，进化论的解释与艺术背道而驰。纯粹的达尔文心智模型是关于人类共性的，是关于是什么将我们团结成为一个物种的。好的小说、绘画或电影描绘的是人类共性与反映我们个人及公共历史的当下活动之间的冲突。与进化心理学最接近的叙述形式是神话：我们的祖先经历了哪些困境，并且转化成了动机，最终成就了人类得以生存下来的条件。创造性艺术是要观察当个人生活与这些人类驱力交织时会发生什么，并且往往伴随着更广阔的历史潮流。这就是为什么，当进化论者和艺术评论家出现在同一个讨论小组时，你往往会看到激烈的争论。但是当你把视角放宽到进化心理学之外，冲突就消失了。脑科学不仅关乎永恒的真理和人类的共性，更关乎那些偶然事件和个人人格。过去几十年的研究一次又一次地揭示，随着我们的成长和发展，特定的记忆是如何改变我们的，生活经历是如何像基因一样改变我们的大脑。当我们进行一个无声的心智阅读对话时，我们利用的认知工具是进化了的人类本性的一部分，但每一次心智阅读的交流都带着个体生活中独特的记忆及联想的色彩。我们天生就把微笑看作内心快乐的标志，但微笑也能让我们想起儿时父母的笑容、银幕上电影明星的笑容，或者今天吃早餐时讲的一个笑话。在个体记忆形成的方式以及它们如何影响我们随后的行为上，脑科学可以教会我们很多。了解过去发生的事情对现在产生的影响对理解大脑很重要，所以这本书中没有单独设一章来讲记忆，这是因为其实所有的章节在很多方面都是关于记忆的[42]。

弗吉尼亚·伍尔夫将变老的补偿描述为获得"掌控经验[43]、在光中慢慢扭转它的能力"。记忆改变了我们对当下的认知，但这一改变过程本身更微妙，更有层次：在新的环境中重新激活记忆会改变记忆本身。在很长一段时间里，神经科学家认为记忆就像图书馆里的藏书：当你想起一件事情时，你的大脑就好像在图书馆中找到某本书并大声朗读它。但是现在一些科学家相信，由于一种叫作"再巩固"（reconsolidation）的过程[44]，记忆每次被激活时都会被有效改写［弗洛伊德也察觉到了这个过程，不过他给它起了个不同的名字："回溯"（Nachtraglichkeit 或 retroactivity）］。在两个神经元之间建立突触联结（所有神经元学习的核心环节），需要蛋白质的合成。对老鼠的研究表明，如果你在执行习得行为的过程中阻止蛋白质合成（如阻止大脑对奖励周期的记忆），已经习得的行为就会消失。大脑不是简单地回忆几天或几个月前形成的记忆，而是在一个新的联想环境中重新形成记忆。从某种意义上说，当我们记住某件事的时候，我们便创造了一种"新"的记忆，这种记忆是由我们的大脑自记忆最后一次出现以来所发生的变化塑造的。因此，科学告诉了我们两件事：我们的大脑被设计用来捕捉我们生活中的特质；我们对生活的记忆正一天天被改写。

只要读几页普鲁斯特（Proust）[45]的作品，你就会知道，艺术家们对这些特性已经进行了成百上千年的探索，就像詹姆斯抓住了心智阅读的变革性力量一样。的确，文化界人士（尤其是诗人、小说家和哲学家）一直引导着我们拓宽对大脑功能的理解，就像亚当·沃尔沃凝视下绽放的花朵一样。文化继续这样做着，现在唯一的不同是它们有了竞争者。

CHAPTER 2 第二章 ————

The Sum of My Fears
我的恐惧集

情绪记忆的问题在于它们难以消除，大脑似乎天生就会阻止恐惧反应被有意克服。尽管杏仁核到新皮层间存在广泛的神经通路，但反向的从新皮层到杏仁核运行的路径很少。我们的大脑似乎生来就被设计成允许恐惧系统在危机状况下获得控制权的模式，并阻止我们进行有意识、深思熟虑的自我控制。

数年前，我和妻子搬去了曼哈顿市中心最西边的一幢由旧仓库修缮而来的公寓楼。从"纽约的标准"来看，这幢公寓楼还算不错，更为关键的是，它有一个让人无法抗拒的亮点——一扇8英尺（约2.5米）高的可以俯瞰整条哈德逊河的飘窗。搬入新家后的几个月里，每每遇上有趣的天气——暴风雪、特别的日落美景——我和妻子都会驻足窗前，一同欣赏。

　　那年夏天来临之时，我们又多了一个新的观测对象——暴风雨。我们居住地的大多数天气的变化都是从西边开始的，所以当气温开始上升时，新泽西州上空乌云汇聚，我们就会停下来欣赏这一特别景色。六月中旬的某个下午，一场异常猛烈的风暴开始形成，我们后来才知道，这场风暴的强度足以让当地的新闻电台发布大风紧急预告。天色渐暗，哈德逊河上出现白色雾气，我们一起凑在窗边，脸颊几乎贴在玻璃上。

　　突然间一道咔嚓声传至我们耳畔。

　　那是一个细微的、近似树枝折断的声音，然而在呼呼的风声和隆隆的雷声中，我们很难判断声音出现的位置。我听见妻子惊呼道："天哪，那是什么声音？"她立刻从玻璃窗前跳开，而我还傻傻地站在窗前。

　　我当时还表现得很沉着冷静，我说道："大概是书房的门关上了吧。"于是，妻子径直走向屋后，想验证一下我的说法。然而，发出那个声响的并不是书房的门，而是固定窗户下部窗框的螺钉。当我转过身检查窗户时，一股突如其来的强风把整个窗框吹出了墙外，像厨房餐桌那么大的玻璃瞬间被打碎，一时间整个公寓玻璃碎片横飞。我因为刚好站在窗边，玻璃和窗框从我旁边飞过。如果我的妻子不是去检查书房的门，她将承受时速 60 英里（约 100 千米）的大风吹进来的钢架和玻璃板的全部重量。这样的撞击力度，完全可能让她当场丧命。

你或许能体会到我在那短短几秒是怎样的感觉。首先，有一种奇异的时间慢下来的感觉。窗户可能不到 0.1 秒就炸裂了，然而我清楚地记得，在玻璃窗落地之前，我脑中一直想着我和妻子都会平安无事的，妻子离得足够远不会受伤。一瞬间后，我猜想或许是风暴引起了龙卷风。也就是说，站在离地面 100 英尺（约 30.5 米）高的开着的窗户边并不是一个安全的选择。几秒钟内，我们躲进浴室锁上门，直到那时我才意识到，我的心率加快、手心满是汗。我明显意识到，我全身的血液涌向四肢，随时为逃命做好准备，我的肠胃也出现了紧张感。我的肾上腺瞬间分泌大量的肾上腺素，通过将糖原转化成供能的葡萄糖，帮助我的身体为逃命做好准备。我的反射反应提前预备好了，这使我更有可能在听到意料之外的声音时吓一跳。此外，我的痛感被抑制了。

当时我更多的是产生了一种格外清晰的警觉感。我记得我当时甚至在想："要是星巴克能通过一杯浓缩咖啡来产生这种感觉，他们恐怕就真的能统领世界了。"

这其实就是一种身体的恐惧反应，以最快的速度和最精准的表现整合身体的各个生理乐器来演奏一场交响乐，俗称"战斗或逃跑"反应（fight-or-flight response）。这种反应不失为一种体验大脑和身体的自主性的好办法，它们是独立于你的意识控制之外的自主系统。在窗户被吹进来后的那一秒钟内，我就做出了躲在浴室里保护自己的谨慎而合理的决定，但我的大脑做出这一反应完全出于本能和无意识，这一决定保护我免受伤害。这个决定的作用效果甚至和吸毒后的幻觉一样强烈，只不过这个效果完全是由大脑内部的化学物质调制而成的。

"战斗或逃跑"反应很神奇，但这也是老生常谈了。在我们开始监测我们的 5-羟色胺波动水平，抑或训练我们的右脑之前，"肾上腺素激增"这个短语就已经是一个流行词汇了。恐惧直接引发的生理反应我们都很熟悉。战斗或逃跑在几秒钟内就能发生，它的影响可以在几分钟内消失，但是那种恐惧的记忆可以持续一生。

我对蜜蜂有恐惧症。早些年，这的的确确是我生命中的一大社交阻碍（我不敢去野餐；在黄蜂出没的季节，我的同龄人享受着新英格兰的秋季，而我通常只能待在室内）。我有轻微的恐高症，还时不时对飞行感到恐惧，不过这点常常与飞机失事的新闻有关。你可能也有一箩筐类似的专属于自己的恐惧，有些可能是你的个人经历所触发的，而另外一些可能与基因有关。我怀疑我的恐高症更多的是生物学因素而非个人经历导致的，但我知道我对蜜蜂的恐惧源于我孩提时期一系列被蜜蜂叮咬的痛苦经历。至于乘飞机——如果你读报纸或看新闻，被绑在一个装满爆炸性燃料的飞行器内，你无可避免地会有一点害怕。

自从六月的那场风暴之后，我又多了一项新的恐惧：风吹过窗户的呼啸声。我现在知道我家的窗户之所以被风吹了进来，是因为当时安装不当，用一个螺丝钉承担了本应该分在两个螺丝钉上的负荷。我们听到的那个咔嚓声，是那唯一一个螺丝钉报废的声音。我确信窗户现在安装得很好，并且相信负责人说的"这是为抵御强飓风设计的"这句话。那之后的五年，我们经历过数十场风暴，强度与将窗户吹进来的那次相当，而我们的窗户一直表现得很完美。

所有的这些事实我都知道，但当我听见风吹着窗户呼啸的声音时，我能够感受到自己的肾上腺素水平不断上升。如果那时我正坐在窗户旁边，那我不得不躲到房间的另一端去，否则除了呼啸的风声，我再也无法注意其他任何事。即便坐在足够安全的位置，在风声平息之前，我都会有一种极度焦躁、紧张的恐惧感。我大脑的一部分——我最喜欢的那部分，仿佛有它自己对世界的看法和观点，并且计划按照这些合理的观点行事——它知道窗户是安全的，也知道只要飓风低于三级，我都可以安然无恙地欣赏窗外的哈德逊河。但是我大脑的另一部分，却想把我自己再一次关进浴室里。

类似这样的恐惧记忆是我们直接理解大脑模块化属性的另一种方式。即便是创伤性事件留下的轻微的记忆痕迹，也会让你觉得自己好像具有分裂的人格；而严重的创伤后应激障碍（post-traumatic stress disorder，PTSD）则会让人感到极度虚弱，尤其是在当事人面对与原始创伤类似的刺激时。"战斗或逃跑"反应可能是一个反映了人体生理本能的生动案例，但在通常情况下，比如当抢劫犯在小巷里一路追着你，抑或炸弹在空中呼啸而过，你本能的反应和理性的反应是一致的。你大脑的一部分说："我很害怕。"另一部分却说："害怕得有道理。"但数年后，当你听到呼啸的风声时仍会心跳加速，你意识层面和心智中其他地方对当前危险的评估就会存在差距。你一方面知道自己很安全，另一方面又忍不住害怕。究竟哪一个是你呢？

要回答这一问题，我们得提及大约 100 年前法国一位名为爱德华·克拉帕雷德（Edouard Claparede）[46] 的心理学家。当时，克拉帕雷德正在治疗一名患有罕见失忆症的女性，这种失忆症让她无法形成新的记忆。这位病人在有局部脑损伤后保留着基本的机械和推理技能，以及她过去的大部分记忆。但是新记忆在她的脑海里停留几分钟后就会消失——惊悚片《记忆碎片》（Memento）里边完美地刻画了这一情况，电影中患有类似病症的男主人公为了破解一个谜团，在自己记忆消失之前疯狂地在拍立得照片背后记录新的信息。

克拉帕雷德的病人仿佛在经历某种闹剧，要是她的情况不是那么悲惨就好了。每天医生都要和她问好，并且进行一番自我介绍。如果克拉帕雷德离开 15 分钟再回来，病人就又完全不认识他了，两人会再次互相进行自我介绍，之后病人会认为自己在和一个新医生交谈。一天，克拉帕雷德决定改变一下。他仍像往常一样进行自我介绍，但在他和病人握手的时候，他在手心里藏了一颗图钉。

这听起来不像是你和医生理想的初次会诊，但克拉帕雷德确实做到点子上了。第二天，病人又像往常一样向他问好，她不记得昨天的刺痛，也不记得昨天发生的任何事情，直到克拉帕雷德伸出手来。不知道为什么，她竟拒绝和克拉帕雷德握手。这个无法形成新记忆的女人仍然记得最近发生的某些事情——一种模糊的危机感让她有着对过去创伤的记忆痕迹。她并不能认出几个月来她每天看见的那张脸、听见的那个声音，但她记得恐惧。

为什么一个失忆症患者突然在图钉上发展出了记忆力？直至最近，在科学家看来，克拉帕雷德的病人的表现仍是不同寻常的。在过去的 50 年里，大家都认为大脑依赖于一般智力，这种智力逐渐被人们想象成一台电脑，它利用过去的经验对新情况做出理性的评估。这个过程是学习和情感的基础。你有来自外部世界的输入，有对过去输入的记忆，有一个精巧的可以权衡这些输入并进行行为决策的计算器。如果你在面对一个确定的刺激时感到恐惧，那是因为你的记忆库提取了一些与当前刺激相似的过去的危险经历。恐惧情绪本身是一种次级效应，它是理性的大脑发出的指令："收集到的数据显示，这里有引起恐惧的因素，所以我们现在应该感到害怕。"

克拉帕雷德的病人给了这个模型重重一击。当一个人的记忆系统完全不能学习时，她怎么能学会恐惧呢？这就像我对风形成了恐惧，却不记得我家的窗户被风吹进了屋子里。如果你的记忆库无法提供任何关于过去遭遇的信息，你就无法对潜在的危险做出合理的评估。如果恐惧是源于对风险的理性评估，那克拉帕雷德的病人怎么会知道要避开医生的手，却不知道具体原因呢？显然，她的大脑捕捉到了一些被图钉扎到的记忆痕迹，这些记忆痕迹储存在意识之外的系统里。但是这些记忆究竟储存在哪里呢？

恐惧的习得，是 20 世纪被研究得最多的行为模式之一。事实上，克拉帕雷德的图钉本身就是对经典的行为主义实验的巨大冲击，其著名程度堪比巴甫洛夫（Pavlov）让狗流口水的晚餐铃声的实验——恐惧条件反射的形成。如果你把一只大白鼠关在笼子里，播放声音的同时给它一个电击，即便只经历一组声音和电击的配对，大白鼠也会开始对声音产生恐惧，即使声音的出现并不是百分之百伴随着电击，大白鼠还是会对声音产生恐惧。这种恐惧反应被称为"条件反射"：大白鼠对电击具有无条件的、与生俱来的恐惧，如果把电击和声音联系到一起，大白鼠就会条件反射地害怕声音。克拉帕雷德的图钉就相当于电击，他伸出的手就像是声音。仅仅接触一次后，那位失忆症患者就对与医生握手产生了条件性的恐惧反应。

正如行为主义的名字，行为主义者只对外在表现这种可测量的数据感兴趣。在一系列"声音—电击"的配对后，大白鼠究竟会不会产生害怕。行为主义者的内心深处认为，你可以以貌取人。相反，行为主义者对大白鼠的大脑是如何处理这种恐惧反应的，以及大白鼠对这种恐惧反应的主观感受是怎样的并不关心，因为这些问题被隔离在未知的大脑"黑箱"中。

但在过去的几十年里，科学家已经打开了大脑的"黑箱"，并绘制出了条件性恐惧在大脑中的实际通路。该领域的领军人物是纽约大学教授约瑟夫·勒杜（Joseph LeDoux），他说话温文尔雅（或许存在争议）。当我去他位于华盛顿广场附近的办公室拜访他时，他向我讲述了他求知的故事，这个故事有着科学故事典型的曲折开端。"20世纪80年代初，我第一次申请这个课题的经费[47]，"他笑着解释说，"结果被拒绝了，因为评审员认为情绪无法进行科学的研究[48]。"

在最初阶段，勒杜的研究本质上是绘图性质的，是直观地描绘出心智。由于当时并没有先进的脑成像技术，勒杜的绘图法相比 GPS 卫星而言，更偏向路易斯和克拉克式（译者注：美国早期探险家路易斯和克拉克两人，对美国西部进行勘察，沿途绘制美国内陆地图，收集动植物、矿物标本作为珍贵的早期记录）。"声音—电击"的恐惧条件反射实验为他提供了一个可供探索的简单因果链，因为啮齿动物大脑中的声音加工通路已被绘制出来了。他知道声音从何处进入人脑、在何处融合成有意识的知觉，他知道整个过程中的几个关键中继点，包括三个主要的停顿点：原始数据在脑干中被加工，之后在丘脑（thalamus，大脑的主要中枢之一）中被加工，经过这两个中继点，声音才能进入大脑的听觉皮层（auditory cortex），进入意识。

勒杜的方法是一种外科减法（surgical subtraction）[49]。取一只健康的大白鼠，移除大脑特定的部位。如果你移除了某个部位，大白鼠仍然能够学会将声音与电击联系在一起，那么你移除的部位对于恐惧条件反射是不重要的。但如果大鼠停止了学习，你就知道你移除了相关部位。

勒杜从这个链条的末端——听觉皮层开始研究。从鼓膜开始，声音穿过各式各样的站点，最终在听觉皮层处整合成我们对世界的感官体验。在勒杜移除该区域后，大白鼠仍能学会害怕声音。而且随着听觉皮层被移除，大白鼠成了更极端版本的克拉帕雷德的病人，它们害怕噪声，即便没有听见它。所以这种学习并没有发生在链条的意识段，它发生在链条中间的某个位置。"所以我向前走了一个站点，到达丘脑，"勒杜说，"我把丘脑切除了，大白鼠就完全不能学会恐惧条件反射了。这意味着声音必须通过系统到达丘脑，但不一定要到达听觉皮层。"但听觉丘脑只是一个从耳朵到听觉皮层的中继点，那么声音通过丘脑后又去哪儿了呢？这是一个令人费解的问题，这意味着勒杜的结果出现了一些匪夷所思的颠倒：切除终点区域，你的学习过程可以不受任何影响；但是如果切除了中继点，学习过程则停止了。

勒杜的假设是：听觉丘脑除了与大脑皮层有联结，还与大脑的另一部分有联系。利用示踪染料追踪听觉丘脑的通路，勒杜发现了听觉丘脑与杏仁核的联结。杏仁核是我们在"眼神读心"测验中发现的一个位于前脑的杏仁状区域。当勒杜移除大白鼠脑中的杏仁核后，大白鼠便无法再进行这种学习。随后的实验还表明，杏仁核中存在一个被称为"中枢核团"（central nucleus）的关键部分，它与脑干区域存在重要联结，控制"战斗或逃跑"的自主功能，如心率加速。"我没有去寻找杏仁核，"勒杜说，"是研究让我关注到了它。"

勒杜研究中提出的主要观点是，危险体验经由两条通路到达大脑，一条有意识且理性，另一条无意识且与生俱来。很快，这两条通路分别被命名为"高路"（high road）和"低路"（low road）。假如你走过一片森林，你的余光注意到自己左边有一个蛇形的东西，同时伴随着沙沙声。在形成"蛇"这个单词前，你的身体就已经僵硬，而且心率加快、手心出汗。在你的大脑中，信息流看起来是这样的：你的眼睛和耳朵将基本的感觉信息传递给听觉丘脑和视觉丘脑，然后信息沿着两条通路传播。第一条路径通向大脑皮层，在那里它将与其他实时感官数据整合在一起，同时形成更复杂的关联——"响尾蛇"这个词出现了，加上你童年时对宠物蛇的记忆，抑或《夺宝奇兵》（*Raiders of the Lost Ark*）中充斥着蛇的场景。差不多同一时间，滑动的沙沙声也会传递到杏仁核，它会向脑干发出警报，警告周围存在潜在威胁。两条通路的关键区别在于时间：高路可能需要几秒钟来确定蛇的存在并做出反应，而低路则在几分之一秒内就让身体变为僵直状态。当然，这些复杂的身体反应并不像掌握复杂的瑜伽姿势一样需要学习。不需要经过任何训练，你的身体就知道如何执行僵直反应。实际上，身体非常熟悉这种反应，在面对突如其来的威胁时，这种反应几乎无可避免。

在创伤事件发生时，杏仁核捕获的记忆有两个有趣的特征。第一，它记住的信息比传统记忆（即研究者所说的陈述性记忆，declarative memory）少。视觉皮层在蛇的滑行过程中感知到了它，你对森林中那条蛇的陈述性记忆可能包括蛇身上独特的图案，或是在你转身逃跑前它的一系列动作。而你的杏仁核只保留了一个粗糙的画面，好像这个事件是由拍立得而不是 IMAX 相机拍摄的。杏仁核可能只存储了大概的滑行运动，以及草地上蛇身呈现的细长的黑色轮廓。联结丘脑和杏仁核的通道的容量，不足以承载更高分辨率的图像，因此你获得的是一个快速且粗糙的影像，而不是由视觉皮层创建的虽然缓慢但更逼真的图像（通过其他感觉系统传递进来的信息也是如此）。这种"速写"有助于我们的身体迅速对威胁做出反应，但它有一个令人烦恼的副作用，即恐惧记忆比陈述性记忆更为模糊，所以与恐惧记忆中特定的物体相类似的东西都会引起你的恐惧。比如，草丛中的深色棍子、草地上的浇花软管都能轻易地欺骗你的杏仁核，让你认为自己又遇到了一条响尾蛇，即使你的视觉皮层很容易分辨出它们之间的差异来。

杏仁核的记忆特点部分解释了为何创伤后应激障碍难以治疗。老兵每一次听到卡车回火的声音，杏仁核都会让他以为自己听到的是 AK-47 的步枪声；而每一场雷雨，在老兵听来都像地毯式轰炸。如果杏仁核能以某种方式被训练得具有更好的分辨能力，这些创伤记忆重现就不会经常发生。

然而，缺乏辨别能力也有好处。如果你的创伤记忆过于具体，你的大脑将无法从经验中学习——或者更确切地说，无法从经验中学习到一般规律。如果一个更有辨别力的杏仁核遇到的是带有褐色斑点的响尾蛇，它可能就不知道害怕没有斑点的蛇；如果过去的记忆中蛇是从左侧靠近你，可能并不能让你害怕从右侧靠近你的蛇。恐惧记忆的速写方式，让你跳出细节，掌握一般的经验法则：如果你看到草地上有滑动的东西，无论有无斑点，你会赶紧逃跑。在博尔赫斯（Borges）

的经典故事《博闻强记的富内斯》(*Funes the Memorious*)中，主人公富内斯具有一种不可思议的像照相机一样的记忆天赋，他可以回忆起20年前最偶然发生的事情的细节。在故事的最后，旁白中写道："尽管如此，我怀疑富内斯的思维能力不强。思考需要忽略细节，去概括、去抽象。而富内斯过于饱和的世界里，只有细节……"在降低恐惧记忆的分辨率时，杏仁核进行了一种思考，在充满各式各样威胁的世界中寻找威胁的潜在共性。

恐惧学习的第二个有趣特征被某些脑科学家称为"闪光灯记忆"(flashbulb memory)。在创伤事件中，你的大脑不仅存储特定的威胁——蛇、迎面而来的汽车或 AK-47 步枪的射击声，也存储了威胁周围的背景细节信息。这是大脑联想结构的经典表达方式，也就是很有名的那句口号"一起放电的神经元，联结在一起"(cells that fire together，wire together)。不同的刺激触发不同的神经元活动，当这些神经元同步放电时，它们更可能形成新的联结。随着联结变强，一个神经元的活动会更容易触发与其联结的另一个神经元。这个过程是所有突触学习的根源，被加拿大心理学家唐纳德·赫布(Donald Hebb)称为"赫布型学习"(Hebbian learning)[50]，他于 1949 年首次提出这一模型。

想想你过去经历的突发性创伤事件，比如车祸。毫无疑问，你会记得那些直接的威胁——打在你身上的车灯，或紧急刹车时发出的刺耳的轮胎声。但你很可能也会记得许多无关紧要的内容，比如在撞车时汽车音响上播放的歌曲、傍晚天空的颜色、行人脸上的困惑表情。这些细节实际上看上去与两车相撞的危险毫无关联，但五个月后，当你听到这首歌时，你仍然可以感受到内心深处的恐惧反应。与刺耳的轮胎声相关联的神经元和与收音机歌曲相关联的神经元同时放电，恐惧反应将它们联系在一起。

因此，我们再一次看到缺乏辨别能力是具有进化上的适应性价值的。在生死攸关的情况下，你永远不知道相关信息可能在哪里。假如你在森林的溪流边遇到了响尾蛇，这一威胁与潺潺的流水声无关，而与响尾蛇尾巴的沙沙声有关。我们的大脑被设计为需要记录创伤事件发生时的所有感官输入，尽管以低分辨率的形式进行，但一些无关元素依然有可能成为预测未来威胁的良好因素。所以如果这意味着我们对潺潺的溪流产生了非理性的恐惧，并且对沙沙声产生理性的恐惧，那就这样吧。不合理的恐惧不会让我们死亡，但缺乏理性的恐惧却会。

"9·11"事件后的几个月里，我注意到自己的焦虑水平发生了微妙但可预见的变化，尽管人们都说住在曼哈顿的人大多都有焦虑症，但我能感觉到自己的焦虑与以往不同，清爽晴朗的天气反而比阴天更让我紧张。很长一段时间，我都认为这纯粹是外在事件的联想学习：9月11日是一个非常晴朗的日子，这也是我站在格林威治街上看着双子塔燃烧的记忆栩栩如生的原因之一——空气中没有水汽或烟雾阻挡视线。因此，当类似的天气提高我的焦虑水平时，我认为它就像在车祸发生时收音机里播放的那首歌一样：一个与真实威胁无关的干扰细节，却与恐惧记忆有关。

但有一天，我沿着"9·11"的那个早晨曾经走过的那条路走时，突然有了一个小小的顿悟，我意识到，我的杏仁核偶然发现了我的理性大脑没有发现的线索。先不去管"9·11"事件后，公众所有想象中会出现的其他威胁，如炭疽热、脏弹或天花，只考虑在那个可怕的日子里发生的具体袭击。如果你的大脑只是试图保护你免受被劫飞机撞击摩天大楼的威胁，那么多云的日子可能没有晴朗的日子那么危险。如果没有飞行计划，即便在晴朗的日子里也很难撞击建筑物；那么在阴天的日子里，当建筑在雾的笼罩下只剩下一半时，更不可能做到这一点。如果即将到来的危险是"9·11"恐怖袭击的复制重演，那么在晴天感到更加焦虑并无不合理之处。

"9·11"事件后，我有意识地对潜在的威胁进行了一些评估——我尽可能地避开城市中人口稠密的地方和高楼大厦。当我沿着东海岸旅行时，我会自己开车或乘坐火车，而过去的十年内，飞机才是我通常乘坐的交通工具。这些都是我分析了过去的危机模式，为了应对可能发生的袭击而有意识制定的策略。而我的杏仁核同样也在评估危险，并制定自己的策略，其中的一个策略是在晴朗的天气里多加留意。当然，杏仁核并不是依靠自身的逻辑独立运作的，它只是简单储存了那天的一个闪光灯记忆，在那个记忆中有一个元素就是湛蓝的天空。随后，一旦我的杏仁核遇到类似的天空，它就会引发警报。在对那个如梦魇般的一天进行主观评价时，我忽略了天气和袭击之间的联系，而我的杏仁核却没有。

这些快速且粗糙的闪光灯记忆[51]究竟存储在哪里？一些科学家认为，杏仁核本身并不是独立存储带有情绪的记忆系统，它只是以某种方式将大脑的其他部分创造的记忆标记上情绪意义。2001年，加利福尼亚大学欧文分校的詹姆斯·麦高（James McGaugh）[52]对经典的恐惧条件反射实验做了一个明显的改动。大白鼠走一步就给它一个电击，在给予电击后，麦高向大白鼠的皮层注射了环腺苷酸（cyclic AMP）——一种增强神经元突触的细胞信使，导致更强的记忆。两天后，麦高对大白鼠进行测试后发现，那些接受皮层注射的大白鼠对电击有更强的记忆。"所以我们知道皮层参与了恐惧记忆的形成，"在我给麦高打电话，和他讨论实验及其影响时，麦高说道，"现在，如果我们使杏仁核受损，那么对皮层的刺激不会起到任何作用。换句话说，你必须有正常的杏仁核，才能让皮层完成工作。"

我询问他这个实验结果的意义。"这个实验告诉我们，恐惧并不是在杏仁核中习得的，"他解释道，"杏仁核投射到大脑中存储信息的区域，它会说'你知道你要存储的这个记忆吗？事实证明这是一个非常重要的事情，所以请让它记得更牢一点'。它为我们的生活提供了选择性。你不需要知道你三周前把车停在哪里，除非那天车正好坏了。"你可以把这种选择性视为大脑的一种强调方式。

乍一看，这似乎又是一种神经地图谬论。记忆是否储存在杏仁核中，对你来说又有什么重要的呢？

有两个原因。首先，如果记忆被存储在心智中一些安全且隐蔽的位置，处于意识之外，那么就会出现患有各种心理功能障碍的可能性，因为记忆在你的大脑中具有双重生命。皮层可能会忘记，但是杏仁核可以保持恐惧记忆，尽管埋藏在你意识不到的地方。不久之后，你会发现，自己害怕所有阳光明媚的日子，但你不知道这种恐惧症起源于哪里。

更重要的是，如果杏仁核只是加强了存储在其他地方的重要记忆，那么脑科学可能会告诉我们一些关于处理创伤记忆的新方法。杏仁核的激活加强了记忆，从记忆的角度来看，对记忆的强调是由实际事件还是回忆触发的并不重要。如果你的身体正启动着战斗或逃跑反应，即使你只是"回忆"过去发生的事件，记忆也会变得更加明显。

麦高说："假如你有一段创伤经历，无论你是否愿意，创伤经历的记忆都将在第二天涌入你的大脑。当那个记忆涌入你脑海中时，你会产生和之前一样的全部的自主反应。一切都会再次重演。所以，你不仅记得你被抢劫了，而且回忆触发时你也会产生情绪上的波动。"这种情绪波动再次触发了记忆增强的循环，使得创伤记忆更清晰，就像一辆陷入沼泽的汽车，你每踩下一次油门，它都会陷得更深。

正如麦高告诉我的那样，回想窗子被吹进公寓后的那些时日，我发现自己在脑海里一次又一次地重播这一事件，但有一个改变：我的妻子没有在咔嚓声后从窗户边逃离，而是在玻璃窗边停留了五秒钟，那时窗户炸裂了。但凡这一念头稍稍冒出，我就会充满强烈的恐惧感，但我忍不住又会想起它。这一连串的事件链条似乎太脆弱了：如果没有那个简单的出于本能的决定让我们远离玻璃，我们的生活就可能发生天翻地覆的变化。已经发生的事情与可能发生的事情之间仅一线之隔，每当我想到那一瞬间，我都能感觉到我身体上的压力反应再次重演了一遍。

这就解释了为什么麦高的研究不是一个毫无意义的神经映射实验。了解恐惧记忆的储存方式让我认识到我对风的恐惧症是如何形成的。当然，恐惧开始于最初的事件，但随后我对事件的反复思考，进一步巩固了这种恐惧症。如果我能设法避免在脑海中重播那些凄凉的场景，或者至少让我的杏仁核在重播它时不引发恐惧反应，恐惧症可能就不会形成。虽然我还会记得那件事，但是窗户外呼啸的风声不会再让我心跳加速。如果事后你可以让你的杏仁核不要对记忆进行再强化，你完全可以不产生恐惧反应。

使用药物是防止我们强化记忆的一种方式。β－受体阻滞剂（beta-blockers）[53]可防止身体的自主系统在压力事件中发挥作用（患有公共演讲恐惧症的人有时会在演讲前服用这些药物来降低心率）。在最近的几项研究中，受到麦高研究结果的启发，创伤后应激障碍患者被注射了 β – 受体阻滞剂。通过阻止自主反应，β – 受体阻滞剂可以防止记忆在大脑中形成更深的印象，使创伤后应激症状不那么严重。

所有这些都指向了这样一个问题：对于刚经历了创伤性事件几周的人们来说，旧式的压抑创伤性记忆的治疗方式是否更好？我们需要通过治疗或与亲人的长期对话来渡过这可怕的阶段，这是一种广为人知的陈词滥调。但如果重播事件并因此引发身体的自主反应，就有可能导致后来的应激障碍，那么事件之后你可以做的最糟糕的事莫过于谈论它。也许你更应该做的是将其抛诸脑后，至少在恐惧反应消退[54]之前不再想起它。

我越了解杏仁核，就越认为大脑中这一小小的区域理应成为一个家喻户晓的名词，如同产生自然快感（nature high）的内啡肽或 5- 羟色胺一样广为流传。如果左、右脑之间的对立已经成为管理策略或学习绘画等自助式图书的主题，那么杏仁核理应占据聚光灯下更显眼的位置。当你从配偶一个微妙的眼神中看出他心情不好，或者你正从一场可怕的滑雪事故中恢复，抑或你正在与自己对蛇的恐惧症作斗争时，无论你是否意识到这一点，你的杏仁核都决定着你对世界的评价。我了解得越多，就越认为在人类大脑中的最基本的问题就是杏仁核和新皮层之间的争斗——这是情感中心和理性中心在为争夺有机体的控制权进行角逐。情绪记忆的问题在于它们难以消除，大脑似乎天生就会阻止恐惧反应被有意地克服。尽管杏仁核到新皮层间存在广泛的神经通路，但反向的从新皮层到杏仁核运行的路径很少。我们的大脑似乎生来就被设计成允许恐惧系统在危机状况下获得控制权的模式，并阻止我们进行有意识、深思熟虑的自我控制。

这种设计对于弱肉强食、生死就在一瞬间的远古环境来说可能是最佳的，但对于压力源可能是工作绩效评估的现代环境而言，它并不总是一种有用的适应。杏仁核可能会为了你的生存利益，保存窗户被吹进公寓的记忆。但如果最终结果是让你无法在时速 20 英里（约 32 千米）的阵风中坦然地坐在公寓中，那么这个恐惧回路也太过夸张了。

人们很容易将杏仁核和新皮层之间的战争视为弗洛伊德提出的原始的本我与代表人类文明的超我之间冲突的重演。有些人对弗洛伊德的潜意识理论存在下意识的反感，他们不愿意接受这样一个假定，即我们被意识之外、往往与我们感知到的利益背道而驰的驱力塑造着。他们大错特错了。我们的大脑在表层知觉之下运行着很多关键过程，这是一件好事！如果我们不得不刻意解析其他人情绪的细微差别，或者评估新环境中的潜在威胁，我们将永远做不了任何事情。我们最好让杏仁核为我们工作，即使我们通常意识不到它在起作用。

因此，我们现在对杏仁核的理解，在某种程度上印证了弗洛伊德的模型。但在其他关键方面，这种联系似乎不太合适。我们试着用已经淡化的弗洛伊德式用语来讨论创伤和记忆。我们都知道创伤事件会影响我们正常的记忆，并且这些记忆中的某些元素会长时间停留在我们的意识之下，然后在某些奇怪的时刻突然涌现。我们也认识到，我们的大脑有时会不由自主地违背我们的意愿，对创伤事件进行回顾。但我们对这些现象的解释可能是奇怪的。当一些被遗忘了很久的创伤突然出现在我们脑海中时，我们会认为原本的记忆在某种程度上是被压抑到潜意识里。几年后再次出现的恐怖细节让我们知道，被压抑的记忆回归了。你并不记得童年时被蛇咬伤的经历，因为它太强烈了，以至于你的大脑难以处理，但是当你看到花园里的水管时，这种被压抑的记忆重新回到了你的意识之中。

但根据现在对杏仁核的研究，我们并没有明确看到压抑或审查创伤事件的机制。虽然有一些无意识的记忆被记录下来，但这些记忆并不是因为受到了某种内部审查而被压抑。这些记忆是无意识的，因为杏仁核在很大程度上是在意识之下工作的，并且调节着我们无法直接控制的自主行为。这些创伤记忆不是因为执行大脑（弗洛伊德所谓的自我）无法以某种方式容忍它，而是因为那些记忆包含的信息可能与有机体未来的生存有关，所以才被杏仁核捕获。对于有机体的未来发展来说，对响尾蛇的声音做出快速而粗糙的恐惧反应是有益的，这种恐惧反应不需要较慢的意识加工过程。杏仁核记忆存储的原因不是某种内部审查，而是为了效率。一些正常的陈述性记忆，无论多么痛苦，都会随着时间的推移而逐渐消失。而杏仁核更加顽固，它一直保持恐惧记忆。如果你在十几岁的时候被蛇咬过，那么在传统意义的记忆消退后，杏仁核仍可能会保存着对这一事件的粗略记忆。从某种意义上说，我们都有点像克拉帕雷德的失忆症患者：记得恐惧感，但忘了害怕的原因。

有一些研究证据（主要是源于对大白鼠的研究）显示，严重的压力可能会阻碍[55]陈述性记忆的形成。应激激素——糖皮质激素（glucocorticoid）的持续释放，会导致海马神经元萎缩，在压力消失后，这种效果是可逆的。但长期的压力可能会对海马造成永久性损伤。因此，很可能存在一种神经学上的原因来解释为什么创伤记忆在意识中逐渐衰退，却停留在我们的直觉反应和恐惧症中。压力反应会削弱你的海马，以至于无法形成陈述性记忆，而杏仁核则设法通过"低路"去捕捉创伤事件，所以你有情绪记忆，但没有陈述性记忆。然而，当创伤只记录在你对世界的无意识感知中，那么在严格的弗洛伊德的理论中，陈述性记忆就不是这种压抑作用的受害者。它更像是你的头部在受到打击后经历的暂时性失忆。对头部的打击激活了你身体的压力系统，产生各种令人衰弱的生理效应，如血压升高、心脏病，甚至引发癌症发病率增高。其中一个影响是记忆受损。当一个棒球运动员被快速球击中了太阳穴，他醒来后对球场没有任何记忆，我们并不能说是因为这种记忆创伤太大，而无法由心智处理，因此不得不被抑制。我们必须承认，时速 90 英里（约 145 千米）的快速球会损坏专用于记录记忆的神经元。在失去记忆方面，严重的压力更像是一个快速球，而不是一个内部审查装置。

那么，我们发现自己会不由自主地去回顾的创伤性记忆又是怎么回事呢？在这里，我们提出一条略微遵循不同路径的心理假设，它可追溯到弗洛伊德在《超越快乐原则》（*Beyond the Pleasure Principle*）一书中提出的模型，这是他在治疗了许多参与了第一次世界大战而与创伤记忆作斗争的患者后发展出来的。在这本书中，他对自己之前提出的人类的心智受快乐原则驱动的理论进行了修正，并提出人类有时甚至会矛盾地有"死亡驱力"（death drive），在这个过程中，有机体首先寻求的是刺激的停止。弗洛伊德在退伍军人中不断目睹看似不合逻辑的精神行为，迫使他对自己的理论重新进行了构想。这些人不断通过记忆重现、做梦、噪声引起的惊恐发作（当时并不存在"创伤后应激障碍"这一术语，但这正是弗洛伊德所记录的）等，反复地回顾战争的创伤性记忆，这个过程常常使人心力衰竭。这种强迫性的重复在仅由快乐原则驱动的人生中毫无意义，特别是在做梦的时候，因为弗洛伊德认为梦本应该是让愿望实现的产物。然而，创伤患者的梦无休止地回到了前线，以可怕的细节重现战争的残酷性。如果人类只想享受快乐，为什么还要多此一举地重温这些可怕的回忆呢？

弗洛伊德的解决方案中提出：重温这些记忆，是心智克服它们的方式；通过意志力把这些恐怖记忆叫出来，心智就能以某种方式将事件置于意识的控制之下，从而让它们不再那么具有威胁性。"这些梦正通过不断回溯过去，努力地掌控刺激。"他写道。弗洛伊德在一个年幼的孩子对与母亲分离的焦虑中发现了类似的模式。他讲述了自己的孙子不停地玩"去/来"游戏的故事：藏起玩具，然后揭开盖着它的物品，再藏起它，再揭开。他认为这个男孩通过游戏来重复失去的创伤和随后的恢复，并逐渐掌握经验，减少分离造成的精神创伤。

此外，弗洛伊德认为，这些老兵不仅仅是重新审视战争事件以控制、制服记忆，他们不断回忆那些恐怖的日子是因为他们拥有一个关键的驱力，也就是弗洛伊德提出的"精神经济"（psychic economy）的一部分，这是一种潜在的、希望将自我恢复到完全平静的原始状态的愿望。弗洛伊德认为，这些老兵不断在回忆中重返战场的最终目标是希望自己能完全不受到创伤性记忆的刺激，不管是积极的还是消极的刺激，以达到自我原始的平静状态。这是与快乐原则一起运作的死亡驱力。

弗洛伊德对重复强迫问题的"死亡驱力"的解决方案，对科学界和普通大众理解极端压力下心智的运作方式产生了巨大影响。但从现代脑科学角度来看，他的理论似乎是有瑕疵的。当大脑违背个人意志、重新审视创伤事件时，它并没有试图释放压倒性的能量——通过发泄情感来控制创伤。大脑不断重新审视这些记忆，是因为数百万年中我们的中枢神经系统不断发展，形成了一个心智回路。一方面，它记录了创伤性遭遇的细节。另一方面，再遇到这些细节时会触发系统警报。这个回路或多或少地帮助了我们的祖先生存并传递他们的基因，这就是为什么我们在很多物种中发现杏仁核及其恐惧反应。弗洛伊德坚持认为，大脑的某些区域在我们的意识控制之外运作，这是完全正确的。但如我们现在所理解的那样，大脑的结构中没有任何东西会迫使有机体趋向死亡（在我们的基因结构中可能存在一种死亡驱力，以生物钟的形式告诉我们，器官何时停止定期的维护工作，但这是另一个故事）。无论我们感到恐惧反应有多么累赘，它是我们生存下来的基础。它是在我们没有时间思考的状况下，为了保护我们的生存而做出的反应。

大脑进化出一种策略，将有意识的思维和决策从紧急事件中踢出，而让杏仁核发挥作用。当大脑重新审视创伤记忆时，它并没有试图使它们屈服，而是试图找到它们与当前情境的相关性。你想起那些可怕的事件并不是因为大脑莫名被死亡的图像所吸引，也不是因为大脑试图通过不断重复来消除记忆。这些记忆会回到你身边是因为在某些层面上，它们对你有好处。我们似乎没有必要去害怕在99.99％的时间内都无害的事情，但与剩下的0.01％的威胁相比，这99.99％的无端恐惧只是暂时的烦恼。我不喜欢自己害怕风，但害怕不会杀了我。然而，飞进来的窗户却可能会要了我的命。

CHAPTER 3 第三章

Your Attention, Please
请注意

目前还没有多少运动器械是专门用来削弱或完全消除肌肉的力量的。但有时训练大脑，就是要学习如何把大脑自然想要去操控的肌肉关掉。当 500 个人在你周围高喊你的名字时，你的大脑想要让你的全身充满肾上腺素，这是可以理解的。但是如果你想要赢第二场，那么不受控制的肾上腺素对你来说可能毫无帮助。所以你要学会如何关闭它。

我正在自己的脑海里踩着自行车。或者更准确地说，我在自己的脑海里踩踏自行车时惨遭失败。

在八月的一个闷热的下午，我坐在五月花酒店里一间可以俯视中央公园的套房中，和一些来自注意力建构者（Attention Builders）公司的高管为他们的新产品进行全天培训。这个新产品恰巧绑在我的头上。这个产品，是一个名为"注意力训练仪"（Attention Trainer）的集成系统的一部分，它看起来像是标准的荧光色自行车头盔，但拥有最先进的神经反馈技术，可以测量大脑里某些部位的电活动变化，并通过无线网络连接到普通的个人电脑上。

顾名思义，注意力建构者公司建立这个系统是为了帮助那些患有注意力缺陷障碍（attention deficit disorder，ADD）的儿童。这个头盔可以追踪与注意力缺陷障碍［以及与其相关的注意力缺陷多动障碍（ADHD）］相关的特定类型的电活动。头盔生成的数据以图形的方式实时呈现给戴头盔的人。因为该公司试图通过这种产品吸引孩子们的注意力，所以他们开发了一系列电子游戏，这些游戏可以响应大脑产生的数据。当孩子们高度注意时会获得高分，以此来阻止孩子分心状态的产生。与注意力训练仪软件连接时，一旦你分心了，你的状态会立刻反映在屏幕上。当你集中注意力时，你会发现自己赢得了比赛。

确实是我的问题，我输了这场游戏。

神经反馈技术的出现[56]可以追溯到 20 世纪 60 年代末期和 70 年代初期，在此期间，它并不是很正规，它和原始的尖叫疗法（scream therapy）、超觉静坐（TM）、电休克疗法（EST）混在一起，经历了最初昙花一现的炒作。早期的拥护者发现，该技术通过鼓励使用者产生与深度放松相关的 α 波段脑电波，使人们更容易进入冥想状态。第一台神经反馈机器的问题在于，反馈信号太弱，并且缺乏现代图形显示器和高速处理器。早期的机器只能使用波浪线和类似 R2D2（译者注：《星球大战》中的机器人）的计算机哔哔声来代表大脑活动，宣传者们声称使用神经反馈机器可以使你的心智运转得更好。有一本名为《脑内交响乐》（*A Symphony in the Brain*）的书记载了这段历史。由于当时技术的局限性，这种乐器听起来像手机铃声。

仅依靠计算机的发展，并不足以带来神经反馈技术的复兴。这项最初与 20 世纪 60 年代出现的另类思维扩张运动（mind-expansion movements）相关的技术，因为当今小学生追求超出自身能力的文化而获得了新生，这是神经反馈技术史上许多小讽刺中的一个。虽然神经反馈机器被用于各种环境，但当前最常见的用途仍是作为处方兴奋剂的非化学替代品，用以治疗注意力缺陷障碍和注意力缺陷多动障碍。

"我从 90 年代后期开始对神经反馈技术感兴趣，"在五月花酒店，注意力建构者公司的首席执行官[57]汤姆·布鲁（Tom Blue）在我戴上他的设备前对我说道，"我了解到这项技术可以培养人们通过观察到的脑电波[58]来实现某种心理状态。这项技术很有趣，而且似乎潜力无穷，我从来没听说过这么匪夷所思的事。"

布鲁是一个有魅力的推销员，他既不像临床医生，也不太新潮。

当我初次见他时，他穿着棕色裤子和绿色短袖衬衫，看起来就像一个和蔼可亲的高尔夫职业球员。"如果你认为神经反馈领域已经经过多年'发酵'，积累了大量强大的数据，"他用一种温和的销售宣传方式解说道，"我们或多或少地期待将其'开封'。"

我来这里研究的不仅仅是该技术的纯粹治疗性的应用，我想知道，人们对神经反馈技术在娱乐等亚文化方面的用途是否开始感兴趣。目前为止，神经反馈机器大多是笨重的设备，看起来像是 20 世纪 70 年代的电视剧《急诊室》（Emergency）中的道具。然而，注意力训练仪很小，看起来就像是你用来与游戏机互动的设备。如果技术发展到可以将其连接到奔腾 IV 处理器上，人们也许就能使用它来进行思维拓展，而非仅仅用于疾病治疗，这就太酷了。毕竟，大多数毒品开始也是作为药物被研发出来的，为什么神经反馈不能遵循相同的过程呢？

布鲁在描述治疗效果时是如此慷慨激昂，我担心我提出神经反馈的娱乐用途或许会冒犯到他。"孩子们做完后，我会和他们交谈，"他目不转睛地盯着我说，"比如，一个孩子对我说：'现在我知道当我阅读时需要什么感觉了。'实际上，这是他们在学习注意的感觉。你不妨设想一下，你是一个小孩子，你被大人告知的只是你没有集中注意力，然而你真的不知道注意力究竟是怎么一回事。"

现在，我甚至有点不好意思提出减少临床应用的想法，但我还是奋不顾身地说了出来。布鲁的脸上立刻呈现出了光彩："我们一直在思考其他用途，这项技术不仅适用于与疾病作斗争的人，它完全可以做到像去健身房一样！"

不久后，我就坐在了投影屏幕前，为注意力建构者公司提供咨询的纽约治疗师卡姆兰·法拉菲（Kamran Fallahpour）帮我调整头盔以适应我头骨的轮廓。我感觉它略微有些紧，但布鲁很快提醒我它是为孩子的头形设计的。几分钟后，计算机报告了我的大脑发出了一个清晰的信号，法拉菲退后六尺到机器所在的桌子旁，并在几个初始屏幕上快速点击。

我正在听他讲话，此时，我大脑中的数百万个神经元正在积聚微小的电荷，然后释放神经递质，通过轴突间接地将电压传递给其他神经元。这些神经元的交流是一致的，数量之多令人难以置信，它们的放电产生了同步性节奏，而这种同步性产生的脑电波可以通过放置在颅骨外侧的电极来测量。大约 75 年前，一位名叫汉斯·贝格尔（Hans Berger）的德国科学家发现，人类的大脑会产生六个左右不同的波形状态，每个波形都与某种意识模式相关，比如 1Hz 到 3Hz（或 δ 波）出现在非快速眼动睡眠期（non-REM sleep），而 α 波在 8Hz 到 12Hz，通常表示放松状态。

当法拉菲对我说话时，附着在我头骨上的传感器捕捉到了我的 θ 波，它在 4Hz 到 7Hz，高频 θ 波通常伴随着分心状态。因此，布鲁和他的团队设计的软件正是为了减少 θ 波，推动大脑进入更加专注的状态。

"此时，我们通常会做的是让你玩这个记忆游戏，"法拉菲解释说，"获得你的 θ 波水平的读数，这样我们可以为之后的训练建立一个基线。既然我们只是在这里进行一次试验，我会替你玩这个游戏。"我同意地点点头，没有意识到他刚才所说的有什么背后含义。进行了几次后，布鲁开始解释建立基线的必要性。他像刚才一样用健身房作比喻，所以他立刻得到了我全部的注意。

"如果你把这看作是锻炼，"布鲁说道，与此同时，法拉菲在屏幕上快速地玩记忆游戏，"它和举重有一点不同，当你去健身房时，你和昨天一样强壮。但是注意力训练取决于你一整天都在做什么，你可能会分散注意力，也可能注意力非常集中。所以你非常需要在这个练习开始前建立基线，这样的话，每次练习才能依据你当前的状态量身定制。"

注意力训练仪配套的软件中最简单的应用程序是屏幕上有一个自行车手，随着你 θ 波的水平降低，他踩踏板的速度会越来越快。自行车手的用力程度与你在校准期间的 θ 波水平有关。假设对你的 θ 波进行 1 到 5 的等级评分，如果你在校准时的分数是 4，然后在游戏中你的 θ 波降低到 3，那么自行车手会更用力地踩踏板。如果你把它降到 1，你会感觉自己像是兰斯·阿姆斯特朗（Lance Armstrong，译者注：美国职业自行车运动员，1999—2005 年连续七届环法大赛冠军）。

而我的自行车手更像是赫特人贾巴（Jabba the Hut，译者注：《星球大战》中一个笨重的外星人角色）。经过几分钟的校准，法拉菲宣布系统已经准备好了，然后启动了自行车游戏。一段长时间的强烈羞辱开始了。

打从一开始，我的自行车就纹丝不动。我试着把注意力集中在呼吸上，我试着专注地盯着屏幕，我试着专注地盯着墙，我试着在心里背诵我刚写的一篇杂志文章的第一段，自行车仍旧纹丝不动。大约 30 秒后，计算机开始用预先录制的振奋人心的词语嘲弄我："我知道你可以做到这一点。"它听起来就像智能计算机哈尔（HAL）在电影《2001：太空漫游》（*2001: A Space Odyssey*）中拒绝打开舱门一样，用一种不可思议的声音说道："专注于游戏。"

我试着把注意力集中在游戏上，但很快，我发现自己把注意力集中在了我多年来是否一直患有 ADD，可我自己却没有意识到这一点上。然后我发现自己把注意力放在了布鲁和法拉菲身上，他们陷入了尴尬的沉默，因为我创造了新的θ波水平的世界纪录。

大约一分钟后，布鲁说："你可以试着数7的倍数。"我一路数到140，自行车仍未移动半分。法拉菲说："盯着自行车车轮上的齿轮，专注于它们正在做的事情。"我目不转睛地盯着齿轮，尽管齿轮在稳定地旋转，但自行车整体上毫无移动。

五分钟过去，游戏结束了。总的来说，尽管我拼尽全力集中注意力，这辆自行车也只有几次短暂的前进。我已经准备好，吞下一整瓶治疗ADD的处方药了。

当我摘下头盔时，布鲁试图让一切听起来很乐观："你必须知道，这通常需要四五十次练习才能实现目标，一次练习就想达到目标是很难的。"但我敢说，他对我做得如此糟糕也感到有些困惑。我心虚地询问："系统是否没有从头盔接收到清晰的信号？"每个人都摇头。"如果出现那样的问题，你会立即得到机器发出的警告。"布鲁解释道。

随后，法拉菲从电脑后面走了出来并说道："你知道，校准过程可能有些不正常。通常情况下，我们会在你玩记忆游戏时捕捉你的θ波水平，但是在这个例子中，我们捕捉了你在和布鲁说话时的θ波水平，而不是你在玩记忆游戏。让我们再试一次，做好校准。"

我再次戴上头盔，尽职尽责地玩记忆游戏，这次我们登录了一款新的电子游戏，这款游戏具有更高级的3D图像。我使用电脑键盘驱动推车驶过一个卡通墓地，我的θ波水平越低，推车在屏幕上移动得就越快。这一次，从比赛的第一秒开始，我就注意到了区别：当我专心于屏幕上的活动时，推车会前进；当我的视线在房间里移动或在脑海里翻来覆去地想一些零散的事情时，它就会突然停下来。我试着数

7 的倍数，不出所料，推车行进的速度果然稳步上升。

几分钟后，我要求切换回自行车游戏，只是为了验证一下区别。法拉菲切换屏幕后，低分辨率的骑车者再次出现。这一次，我觉得我可以随意让他在屏幕上移动。当我注意力集中时，他向前冲；当我注意力分散时，他会落后。这是一种非常不可思议的感觉。我认为这是一种特定类型的思维，而屏幕上的某种变化反映了这种思维的本质。我发现自己回想起阿瑟·C.克拉克（Arthur C. Clarke）关于最好的技术与魔术难以区分界限的那句老话，但技术比魔术更好，它感觉像是心灵感应。

当我完成演示后，该公司的产品开发负责人肯·费尔特（Ken Feldt）调出了我的数据给我看。第二次准确校准记录下我的θ波水平为 3.6；在随后的比赛中，我将自己的θ波水平降低到了 2.7，这使我能够成功地骑自行车。事实证明，在第一次校准过程中，我一直听布鲁说话，那时我的θ波水平已经下降到 1.6，比我在最专心地踩自行车时（或者说，是踩自行车失败时）的表现要好。"这就是为什么在一开始的游戏中你表现得那么糟糕。"费尔特在向我展示数据时说道。在与布鲁的谈话中，我甚至没有任何尝试就进入了一种极其专注的状态，事实上，比我故意想要达到的专注状态都更专注。这个状态为我第一次尝试踩踏自行车设定了基准，所以当我在第一次练习时的θ波水平高于我听布鲁说话时的水平，车轮肯定会减速到停止状态。这是我自己的"忘我境界"（zone）。"我们从测试中发现，有些人能够在倾听的时候集中注意力，而有些人则不能，"费尔特说，"我们的一位临床医生正在对成年人进行测试，其中一个人在读书时可以保持高度集中的注意力，但听别人说话时却不能。你的数据意味着，你在倾听时

58

可以很好地集中注意力。"

我发现自己一连几天都在琢磨费尔特的话。一开始，我对自己的思想可以控制机器这件事感到非常惊讶，试验结束后，我开始思考我是否学到了一些关于自己的新知识。也许相比于积极尝试集中注意力，我在倾听别人的谈话时更为专注。我在倾听他人说话时，也比玩电子游戏时更为专注。当然，当我正在倾听时，我没有考虑我关注的焦点，这可能是我一开始就能集中注意力的原因。注意力训练仪的技术让我能够看到，当我们的大脑很好地完成某件事情时，大脑正在做什么。所有这一切的思考都是因为这次试验的经历引起的。

在注意力建构者公司体验后过了几周，我遇到了莱斯莉·塞登（Leslie Seiden）和哈尔·罗森布拉姆（Hal Rosenblum）[59]。这对居住在上东区（Upper East Side）的夫妇年纪在五六十岁，他们在几年前成立了一家名为"呵护大脑"（Braincare）的股份有限公司。他们不太像那种积极宣传神经反馈的人，先生是一位退休的药理学家兼业余摄影师，有一种干巴巴的幽默感，而太太是一位勤于实践的心理治疗师，将神经反馈融入她的实践中。

当我去他们的别墅拜访时，太太穿了一身亮粉色的西装，西装翻领上别着一枚金色胸针。她急于讲述自己的故事："从 15 岁起，我就一直患有偏头痛。每隔几周就发作一次，这就是我的生活。药物让我好受一点，但是并没有产生实质性的改变。直到有一天，我和一位同事一起吃晚饭，我告诉他我有偏头痛，他说：'我能帮你应对它。'接着，他向我普及了神经反馈。"

"所以，我和我丈夫出门上了一次课，"她继续道，"我从同事那里买了一台二手机器，当晚就开始了自己的练习。在完成了大约 60 次练习后，我真的觉得这对我的偏头痛产生了很大的作用——持续时间更短，不那么剧烈，也不那么频繁了。而且，我曾经是一个每天都要午睡的人，在做神经反馈练习后，我用不着午睡了。"

"我想这真是一项伟大的发明，我甚至让我的孩子也体验了一下。"不久后，他们就把一楼办公室的前厅改成了"呵护大脑"公司的总部，并在网站上宣传他们的服务。

当罗森布拉姆将我连接到呵护大脑的神经反馈机器上时，整个环境给人的感觉更像是在医院，而非类似注意力训练仪的设备。为了把电极接在我的头骨上，罗森布拉姆给我涂了导电膏，不过在软件启动后，一切又是熟悉的感觉了。出现我脑电波活动的简单实时图像（四个在屏幕上滚动的线形图）意味着疗程开始了。罗森布拉姆指着其中的一条说："这就是 θ 波，也就是我们期望通过训练来减少的波段。"一连几分钟，我注视着这些匆匆而过的数据，我开始尝试不同的心智状态。相较于集中注意力，从一个想法跳到另一个想法更容易让 θ 波过高，主要是因为屏幕上的数据活动非常活跃，我发现我的双眼随数据变化而飞速转动。但是即便我试图伪装成具有 ADD，持续的时间也并不会太长。我和这台机器的互动中存在一种奇怪的镜面效果：我试着表现出注意力不集中，几秒内屏幕上的波形就可以显示出我的分心状态，这会让我去注意到它，结果我反而结束了注意力不集中的状态。

几分钟后，我问道："你有什么好玩的游戏吗？"30 秒内，我就驾驶着一艘宇宙飞船飞向一颗遥远的恒星，我再次发现自己可以轻松地控制屏幕上的物体。

在塞登和罗森布拉姆经营这家公司的四年中，他们已经治疗了将近 200 名患者，其中大多数是与 ADD 作斗争的儿童。他们的治疗逐渐吸引了更多的人群。塞登讲述了证券日间交易员试图在一系列让人眼花缭乱的数字前保持专注，律师试图达到"最佳的心智功能"等故事。"有一个僧人来访，他已经 60 多岁了，失去了深度冥想的能力，"塞登告诉我，"我们给他进行了十次练习后，他能够再次进行深度冥想。"

尽管在这一领域，神经反馈已经取得了万众瞩目的（仍然有点逸闻式的）成功，但它仍未成为主流的方法。对于任何探索该领域的人来说，显而易见，神经反馈处在大众接受的边缘。2002 年年初，我参加了在迈阿密北部一家酒店举行的神经反馈大会。这是一种超现实的体验。如果你不把来参加会议的人计算在内，酒店的客人似乎完全是 80 多岁的退休人员，他们每天早上搭乘穿梭巴士，集体前往迈阿密的游艇秀场或仙童热带植物园。当"沙壶球们"（译者注：宫廷贵族游戏，此处指代上文提及的那些酒店客人）摇摇晃晃地走向自助早餐时，一群神经反馈狂热者可能正围绕着咖啡和甜甜圈，争论顶叶扫描和相位图的好处。

参会人员本身就是一个迷人的群体：他们大多数是第二次世界大战后出生的婴儿潮一代，他们似乎对 20 世纪 60 年代的生活非常满意。有一些博士和一些名字听起来很奇怪的机构派来的使者，还有至少两名见习心理医生。至少在我听来，新时代的口号和神经技术术语相掺杂，即使不完全具有说服力，也是一种新鲜的声音。"听到故事的正、反两面的问题在于，"一位演讲者在热烈的掌声中解释道，"你听不到任何一面的完整消息。"新时代的部分实在让我提不起兴趣，我已经朝出口方向看了很多次，但他们对技术本身的信心，以及他们对可利用这一技术增强他们大脑的信心颇有感染力，这真是一种奇怪的美国人的自我完善精神。我不禁想起1975年左右的个人电脑爱好者，狂热宣传者的人数远多于普通用户，他们坚信这项技术可以改变世界。但迈阿密的空气中有一种挥之不去的感觉，那就是世界已经开始关注这项技术了，并对此嗤之以鼻。毕竟，这些人中的一些早已叛离他们自己的学科近20年了。当被问及主流社会对神经反馈的接受程度时，其中一人宣称："情况正变得糟糕，在它变得更糟之前。"

韦斯·赛姆（Wes Sime）在大会上脱颖而出，因为在所有心智研究人员和年老的嬉皮士中，他站在台上谈论高尔夫。赛姆就是这样的人。我在第一次与他交谈时，他正在艾奥瓦州得梅因（Des Moines, Iowa）举办的PGA高级巡回赛上打电话，他向职业高尔夫球手介绍神经反馈的神奇之处。赛姆是内布拉斯加大学（the University of Nebraska）林肯分校健康与人类表现学系的教授，他可能是将神经反馈用在娱乐上的终极宣传者。他越来越多地使用该技术训练运动员，主要使用由"脑电频谱"（EEG Spectrum）公司制造的"巅峰成就训练器"（Peak Achievement Trainer）。他个人对这项技术近乎痴迷。当我在电话里让他描述他和高尔夫球手一起用的那个小设备时，他提高了声音说："我现在正戴着它，整个谈话中我一直戴着它。"几天后，他给我发了一封电子邮件，回复了我几个问题，邮件的结尾写道："具有讽刺意味的是，当我给你写这封信时，我正在使用神经反馈软件来塑造我对这项任务的专注度。这是一个很快就会变得司空见惯的交互过程，就像在我的汽车上安装了巡航控制装置一样。"

赛姆第一次采用神经反馈治疗的对象是一名正从严重的背部伤痛中恢复的大学跳水运动员。经过一系列试图让他专注的神经反馈练习——在实际跳水之前，想象一次成功的跳水——这位年轻人恢复得很快，并且水平比他受伤前更高。"在他第一次赢得比赛后，他的教练来找我说：'我不知道你对埃里克做了什么，也不了解那些头部的东西。埃里克过去只是能跳水，他十次里有八九次都能做得很好，但总有一次跳水会伤到他。但现在埃里克是一名真正的跳水运动员，他每次都能出色地完成跳水。我不知道这是怎么发生的，这几乎是闻所未闻的，因为跳水是一项精确的运动，一般情况下，这样的伤需要一个月的时间才能痊愈，但是这个孩子只经过一两个星期的训练就康复了，并且在参加的第一场比赛时就获得了胜利。'"

赛姆还参与了许多试图把类似这种传闻量化的研究[60]。在一个举世瞩目的项目中，数十名高尔夫球手被连接到神经反馈设备上。赛姆和他的同事通过分析高尔夫球手在推球时的脑电波活动发现，某些波的形态与推杆是否成功存在明显的相关性。有了这些数据，"峰值表现"训练显而易见是有发展潜力的：一旦你知道什么样的波形能产生最准确的击球，你只需配置你的神经反馈软件来训练运动员调整他们的大脑让这种波形出现。有趣的是，赛姆说："对于高尔夫球手来说，最佳状态往往是一个全面抑制大脑所有主要波形的境界。"这就相当于运动员所说的"忘我状态"，不受想法的控制，让肌肉记忆不受阻碍地完成它的工作。几十年来，这个忘我状态已经成为一种运动员的神秘主义，但是像塞登一样的研究者正在将这种神秘的语言翻译成科学数据。

"我完全可以在高尔夫球手打完一杆后带他回去，"赛姆解释道，"然后和他说：'看看这个，你是否像你希望的那样在挥杆前集中了注意力？'他会回答'是'或'不是'。我会继续看图表，然后说：'啊哈，你看这里。'或者我也可以反过来说：'你知道吗，最后一次挥杆时，你似乎有点松懈，开始怀疑自己能否挥杆成功了。'而他会说：'你说得对，我当时正为体力下降而焦虑。'这是我们所见过的最令人兴奋的对图像质量和内心演练的肯定。"

正如赛姆告诉我的那样，我发现自己想到曾经亲眼见到泰格·伍兹（Tiger Woods）的那一次。那是在 1999 年麦地那举办的 PGA 锦标赛第四轮赛场上，他与塞尔吉奥·加西亚（Sergio Garcia）进行了一场戏剧性的比赛，并赢得了闭幕决赛的胜利。当泰格·伍兹走下穿过人群的狭窄过道时，我站在第六洞的果岭和第七洞的发球台间的小路上，陶醉在嘈杂却有节奏的"泰格！泰格！"的呼喊声中。有那么一两秒钟，当他走向第七洞的发球台时，我看到他离得很近。在生活中，我从未见过一个人的眼神和周围环境之间有如此大的鸿沟。有 500 名狂热的粉丝在两英尺外喊着他的名字，而他看起来像是在进行一场超然的冥想。如果有两个人以如此有活力的方式为我欢呼，我的心就会像"秘书"（译者注：电影《一代骄马》中的北美纯种赛马）一样跳动。当然，泰格·伍兹已经习惯了这种嘈杂，但那天我从他的眼睛里看到的，不只是一个被欢呼声麻痹了的表情。从他的双眼中可以看出来，他把大脑中的某部分关闭了。

关闭而不是建立。泰格·伍兹的凝视指出了汤姆·布鲁的心智健身房的比喻失效的地方。目前还没有多少运动器械是专门用来削弱或完全消除肌肉的力量的。但有时训练大脑，就是要学习如何把大脑自然想要去操控的肌肉关掉。当 500 个人在你周围高喊你的名字时，你的大脑想要让你的全身充满肾上腺素，这是可以理解的。但是如果你想要赢第二场，那么不受控制的肾上腺素对你来说可能毫无帮助。所以你要学会如何关闭它。运动员有时会说"把他们的大脑挪开"，当然，你并不希望把自己的整个大脑都挪开。运动员想要保存肌肉记忆，并将其转化为实际动作，他希望本能运动的高速通道是激活的，而内省和自我怀疑的区域受到抑制。从某种意义上说，伟大的运动员正试图重现进化过程中偶然发现的策略，即大脑中恐惧反应遵循的快速而粗糙的路线。如果你没有时间思考，最好完全摆脱思考。

在神经反馈爱好者的世界里，你不可能不对私人神经反馈训练师的愿景产生兴趣，他们会在你练习跳水或公共演讲时看着电脑屏幕。当你创造了自己最佳的 θ 波抑制状态时，他会给你奖励。这个想法听起来可能很荒谬，但它与我们今天习以为常的事并无根本上的不同。你遇到的每一位教练或老师——从少年棒球联合会（Little League）教练到大学体育老师，都在试图调整你的大脑以新的方式行事。当你学会了遇到变速球时如何抑制你本能的挥杆冲动，抑或想象你如何在光速下旅行，你正在改变你大脑的神经化学：加强一些突触之间的联系，并削减其他的；鼓励一些区域变得更加活跃，同时抑制其他区域。不同之处在于，少年棒球联合会教练无法像神经反馈训练师那样，直接看到大脑活动的变化。

尽管如此，神经反馈训练师的视角还是有其局限性的。在最初玩太空游戏的惊愕消失后，我不禁注意到自己无法像用操纵杆或键盘那样精确地控制飞船。如果我真的对与计算机进行有效的对话感兴趣，那么互动中的这种模糊感会让人感到不愉快。用你的大脑操纵一台计算机，有点像塞缪尔·约翰逊（Samuel Johnson）博士（编者注：一位英国作家）形容用后腿走路的狗："虽然它做得不好，但你会惊讶地发现它还是做到了。"这种限制与脑电传感器（EEG sensors）不甚准确这一事实有关。

我询问布朗大学脑科学项目执行主任约翰·多诺霍（John Donoghue）[61]，他对这些局限性有何看法。"一直有人试图通过大脑信号来控制设备，但收效甚微，"他解释道，"大多数实验都是针对瘫痪的人，你把 EEG 仪器连接到他们身上，接着把他们移到电脑前。然后 EEG 信号会以某种方式输入计算机中，从而使鼠标移动起来，从选项中做出选择。"

"这被称为一维选择，但它的速度非常慢，一分钟只能选三个字。有一些人可以进行二维控制，但这需要大量的注意力。这就是为什么从外部使用非侵入性的方法（编者注：进行实验时，电极是贴在头皮上的）所获得的效果并不好。"他说。这对于那些幻想着用心智控制游戏《雷神之锤》（Quake）的玩家来说可能是一个令人失望的消息，但对于我们这些希望用这项技术来增强内省能力的人来说也是一个警示。当机器通过颅骨监听脑电波的集体节奏时，具有难以想象的复杂性的大脑信息网络必然会被压缩成粗糙的语言。因此，我与屏幕上的自行车手只能进行两个动词的基本互动——"提速"和"减速"。

"这些信息就在那里，但问题是，想要获得这些信息需要在你的大脑中植入一些电极，"多诺霍说，"从脑电图上，你只能看到波形的巨大变化，这就是为什么它对检测癫痫发作大有裨益，因为你可以追踪更多的全脑波节律。"换句话说，用神经反馈探听大脑活动顶多像雇一个人来为你听交响乐，他只会把每个关键变化的信息反馈给你。

从这些实验中我可以清楚地看到，尽管有些粗暴，神经反馈可以准确地表示不同的心智状态。它能否轻易地促使我们的大脑进入不太熟悉的状态，这一点仍值得一试。像注意力训练仪或"呵护大脑"这样的系统，将我大脑中的活动转化为一种新的语言，这一点是很确定的。但是这些机器真的会把我的大脑推向新的方向吗？鉴于过去十年的风潮，迄今为止，关于这个问题最引人注目的数据还是与ADD有关，但还是有很多问题没有答案。"当我开始向患者提供此服务时，我可能已经失去了一些同事对我的信任，"塞登对我说，"但收集到的数据越来越多。"

当然，如果这项技术的确被证实与其宣传者所认为的一样有效，那么很快就会出现另一种恐惧：我们是否会创造出一代超级机器人？受过神经反馈训练的下一代孩子可能更像是过度专注的成瘾者，而这正是我们现在的目标。注意力训练仪软件是开放式的。人们已经开始训练自己达到像僧人一样的 α 波状态[62]，或者像高尔夫球手那样抑制一切事物。谁知道呢，未来几年可能会出现一种高频 θ 波的亚文化。就像有些人读《呼啸山庄》，也有些人读《高效能人士的七个习惯》那样，有些人抑制 θ 波，也有些人鼓励它。神经反馈顶多是一面镜子，我们如何根据在反馈中看到的内容来改变自己，取决于我们自己。

但是，如果不讨论治疗性的问题，你就会得到一个更具挑战性的前提：这是不是一种可以带来更细致入微的自我意识的技术？娱乐性使用神经反馈可以成为一种内省的方式，一种将大脑的生理现实与有意识的精神生活联结起来的方式。我们已经接受了莱斯莉·塞登所说的两种方式——心理分析师和精神药理学家。如果"谈话疗法"和百忧解（Prozac）现在已经被视为自我探索和自我提升的合理途径，为什么一台能听我们大脑声音的机器不行呢？

每次在神经反馈训练后的几个星期里，我都会发现自己陷入了某种精神状态——早晨的昏睡，曼哈顿道路上的焦虑，喝咖啡后写电子邮件时的愤怒，而且我想知道我的 θ 波在什么水平，或者我的 β 波是否在上升。我会想起韦斯·赛姆戴着他的巅峰成就训练器写电子邮件。我不可避免地会想：这有没有可能成为 21 世纪初的随身听，一个让你更快、更敏锐、更有控制力的随身听？当然，这是建立在你希望自己的状态更快、更敏锐、更有控制力的基础上的。

进入神经反馈世界的经历，让我更加好奇"注意力"的真正含义。我想得越多，就越觉得注意力就像是一种错觉：它似乎只是一个统一的类别，除非你花时间分析自己的注意力。经过仔细审查，该类别可以分成不同的组成部分：我在玩注意力训练仪电子游戏时的注意以及我在听汤姆·布鲁说话时的注意。它们都是我集中注意力的方式，但当我思考这两种注意的实际感受时，它们似乎是利用了不同资源的两种不同的活动。

玩电子游戏往往会缩小我的心智范围，除对屏幕上的活动进行细致的评估外，我脑子里什么都没有发生（这是一种奇怪的恍惚状态，除了屏幕上的图形，什么都注意不到）。而另一方面，关注某人说话感觉像是在扩展我的意识，我可以思考他的话本身的含义。电子游戏与反应和反应时间有关，而听人说话是理解对方词语的意思，对其面部表情、手势和语调的心智阅读。我越想越觉得，把这两种技能归在同一类别下，就好像是在说，我的杂耍技能可以合理地预测我的烹饪才能。

但是，如果单一类别的"注意力"是一种错觉，那么什么才是准确的分类呢？说某一特定类别过于宽泛，并不意味着我们必须完全废除这一类别。由于注意力在教育方面发挥的重要作用，以及有关 ADD

的过分宣传，注意力变成一种得到大量分析的人类心智能力。即使街上的普通人继续认为，注意力是一个统一的东西，神经科学家和心理学家现在也知道它是不同技能的集合，有时重叠，有时不重叠。注意力的概念是我们语言的囚徒：我们认为这些不同的技能在性质上是相似的，是因为我们只用一个词概括了它们。最终，我意识到，我想用大脑的实际语言来理解注意力，来了解其核心机制。而后我想测试这些机制，从而对自己的注意力有更多了解。

我就是出于这样的目的找到了约翰·罗登巴赫（John Rodenbough）[63]，他是一位北卡罗来纳州的心理学家，开发了一套注意力综合评估系统（Comprehensive Attention Battery，CAB），这是一套包含了十几个独立测试来评估人们的注意力能力的软件程序。在我们第一次谈话时，我就清楚地知道，罗登巴赫也认为单一的注意力类别是个误导。

"人们经常被这种想法所束缚，他们认为自己要么注意力很好，要么注意力不集中，"他慢吞吞地解释道，"你经常会看到一些被打上有注意力问题标签的孩子，但是当你坐下来测试时，你会发现，他们在一些领域里是很擅长的。我想知道，在注意力上是否存在这样的事情。"

大脑注意力回路中最基本的区别在于，不同感官之间的能力相对分离。你可能拥有出色的视觉注意，但在听某件事或某人说话时你很容易分心。因为视觉和听觉是最容易测试的，所以它们是得到广泛研究的注意力部分，但我们也有嗅觉和触觉注意回路，以及追踪我们身体在空间中位置的"动觉"。

除感官方面的数据外，注意力还包括信息本身是如何在大脑中处理的。"持续"是指你长时间专注于一件事或一项任务而不分心的能力。你可能很擅长嗅觉持续注意力，但你的视觉系统可能很容易被新刺激转移。在任何一个时刻，外部世界里如此多的数据通过感官通道涌入你的大脑，意识能力的重点不是感知外部世界全部信息的能力，而是把过多的无用信息关在外面的能力。如果你持续关注你的感觉器官所感知的一切，你很快就会被刺激淹没。相反，"心智视线"（mind's eye）有选择地聚焦在传入信息中的一小部分上。丹麦作家陶·诺瑞钱德（Tor Norretranders）称之为"使用者的错觉"（user illusion）：你认为有意识意味着感知周围的一切，但实际上它意味着感知一小部分现实，并能够在它们之间非常轻松地来回切换。这种切换对于意识的错觉来说至关重要，但它也可能导致持续方面的问题。难以维持注意力就是因为有个到处游移的心智视线。

如果"维持"（sustain）就是把注意力集中在传入的数据流上，那么"编码"（encoding）就是大脑获取数据并将其存储在工作记忆中的能力，典型的例子是对电话号码的编码。要记住一个电话号码，首先你要维持足够长时间的听觉注意，从而真正听到别人对你说的数字；然后你必须把这些数字储存在某个地方，否则它们会被下一个传入你耳朵中的信号所取代。对于像电话号码这样的短数据串，大脑通常将它的信息存储在注意力专家所说的"语音环路"（phonological loop）[64]中，就像用录音机把声音录下来一样。即使最初的号码是通过视觉传递给你的，你还是会把它转化成声音在语音环路中进行处理。下次当你从一张纸上读取一个电话号码时，请留意一下自己，你可以走到楼上打这个电话而不会拨错号码，是因为当你读到这串号码时，你会不断地重复它们——无论是大声读出来还是在心里默念。理论上，你可以记住纸上这些数字的形状和排列，并通过调用图像记忆来回忆数字，但你没有。这是因为我们天生就具有将视觉信息转化成语音并在大脑中进行处理的能力，但我们的阅读技能都是后天学习的。当然，我们也有强大的空间记忆系统，这就是为什么我们有时会通过在小键盘上按出数字的位置来回忆它。但大多数时候，我们还是会用语音环路来记住某个信息。这个过程就是注意力专家所说的"编码"。

在过去几年中，编码是注意力的子系统[65]获得了主流研究者的认可，这在很大程度上是因为人类的这个系统具有存储限制。除极少数人外，绝大部分人的工作记忆中能存储 7 个不同的项目[66]（严格来说，是 7 加减 2 个）。你可以回想起数百万件独立的事物，从电话号码，到面孔，到《伦敦呼叫》（*London Calling*）的歌词——只要它们存储在你的长时记忆中。但是当新信息出现，你需要快速对它进行编码并保留一段时间时，一旦它超过 7 个项目，你的工作记忆就将超负荷工作。电话号码是 7 位数并不是偶然的（编者注：美国电话号码是 7 位数），当电话公司开始设计现代拨号系统时，他们向心理学家咨询了普通人平均可以记忆的最大数字位数。

在维持和编码之后，注意力的工具箱变得更为复杂，因为注意力不仅仅集中在单个任务或对象上，它通常需要在不同的任务和不同的感官输入之间切换。其中一个衡量标准是专家称为"聚焦 / 执行"（focus/execute）的技能。假设你不住在修道院或监狱牢房里，你生活中的每一天都可能要完成数千个日常事务，每个事务都需要特定的注意力模式。比如，你检查孩子们的安全带是否扣上，把钥匙插进点火装置里，听引擎发动的声音，瞥一眼周围以确保车道通畅，在你将车开上街道之前向两边看。如果你对开车很熟悉的话，那么你现在很可能几乎是无意识地在做这些事情，但并非完全无意识。一旦任何一个阶段出了问题，比如你看到一辆迎面而来的汽车，或者小儿子解开了他的安全带，你还是会注意到，因为在基本层面上你是集中注意力的。

如果你的大脑对上述每个细节都分配了注意力，那么处理所有细节将会使你的大脑超负荷工作。你可以轻松地完成每天的例行事务，是因为你的大脑知道要停止前一个任务，继而开始下一个任务。如果你的大脑无法进行这些转换，那么不断输入的数据很快就会造成信息过载。你可能不会注意到车道上的滑板，因为你还在想着点火器上的钥匙。"聚焦／执行"描述了正确的执行顺序：你专注于特定的任务，执行它，继续下一个任务，然后重新聚焦。循环往复。

"聚焦／执行"暗含着存在一个预定的流程脚本，但现实当然并不总是完全按脚本前进的。注意力中最精妙的技巧是我们从一系列相互竞争的信号中提取出实时的相关性评估。这是注意力的执行部分，通常被称为"注意力监督控制"（supervisory attention control）。它就像美式橄榄球比赛中的四分卫，即便中卫们向他冲过来，他也能看见 30 码外的接球手；或是像音乐发烧友，能从整首交响乐中听出一把音调有误的小提琴；又或是像父母把车倒出车库时注意到了散落在车道上的玩具车，而三个孩子在后排座位上咯咯地笑。具有注意力监督能力的人通常善于屏蔽那些我们本应该自然而然注意到的刺激——泰格·伍兹走向第七洞的发球台时，他将 500 名球迷的欢呼声屏蔽在外。从这个意义上说，注意力监督可以抑制我们的冲动，放弃一些有明显吸引力的事物，而去选择我们需要关注的事。

注意力系统像流水线一样运行：更高级别的功能建立在较低级别的功能之上。因此，如果你的编码存在问题，你几乎一定会存在注意力监督的问题。当人们注意到自己注意力有缺陷时，他们通常是在"聚焦／执行"的层面或监督的层面发现出了问题，但问题的根源很可能在更深层面，或者可能局限于某个特定的感官通道。对于像罗登巴赫这样的心理学家来说，治疗注意力障碍的第一步是找到并隔离系统中的薄弱环节。这就是为什么他开发了 CAB 软件——一套独特的用于测量注意力系统中各个环节的强弱的测试。当然，CAB 测试不会直接窥视你的大脑内部，但它的设计非常巧妙，可以检测注意力工具箱中每个工具的优缺点。

毫不夸张地说，你这辈子玩过的游戏中，体验感最差的非 CAB 莫属了。当我第一次坐下来研究 CAB 时，我试图给自己打气："在测试结束时我会得到一个分数，我一定能得高分的。我要做的就是保持一个小时左右的专注力，我非凡的天赋将被后人记录下来。"

接着我启动了软件，可没过多久，我的大脑就开始疼了。以前在人们记电话号码时，我总会通过随机喊数字来干扰他们，这下我的报应来了。因为每一个测试都是为了探测大脑的注意力系统，所以它会迫使你到达注意力的极限。随着测试的展开，题目越来越难，总是存在一个你觉得自己的大脑短路了的拐点。但是你缺乏的并不是注意的感觉，而是一种非常精确的感觉，这两者之间的差别就像你觉得你的车在转弯时感觉有点不对劲，与仪表板上的灯光亮起，警告你左前轮胎的压力很低。如果你曾怀疑过"七加减二定律"（law of seven），那你应该试一试音频编码测试。这是所有测试中最基本的部分：计算机首先列出三个数字，你必须在短暂的停顿后以正确的顺序输入。对于前几轮，你觉得毫不费力。然后你需要编码四个、五个、六个数字，这也非常简单，你可以通过语音环路确保信息不会退化，如同播放磁带一样可靠。但当你开始编码八个或九个数字时，你的大脑开始打架，你可以感觉到后几个数字将前几个数字推了出去。

随着你的编码系统接近极限，它本能地寻求捷径，寻找数字间的规律以减少项目的个数，从而为工作记忆释放存储空间。当编码测试快结束时，我被要求记忆一串串十位数，其中有一串数字以3、0、1开头，这是我父母的区号。我立即将这三个数字转化成一个单元，为记忆序列的其余部分留出了更多空间。我并没有编码十个随机数，只是编码七个数字加上我父母的区号。八个，而不是十个项目——相差的这两个足以让整个序列在我的脑海中被清晰保存。记忆专家将这种技术称为"组块"（chunking）——将一系列离散对象转换为更大的组块，从而释放工作记忆以获取更多数据（以1、9开头的四位数字特别容易被分块，因为它们可以被记忆为年份。比如，你需要记忆一个十位数，你只需要编码六个数字加上肯尼迪遇刺的年份1963）。

CAB让我观察到大脑注意力架构的一些特点。编码测试包括正向和逆向两个部分。对于后者，你需要记住一连串数字，然后以相反的顺序输入它们。这项测试使我在超过七位数阈值之前就不得不服用一种治疗偏头痛的药。按照相反的顺序输入数字意味着语音环路无法像正向记忆时那样有用，这是因为你可以在脑海中播放这个序列的磁带，但是没有一个现成的内部机制可以倒着播放。在正向测试中，20个任务里我只错了三个，但在逆向测试中我的错误率翻了两倍。这种差异对我来说是直观的，我觉得我的大脑从未被设计用来做颠倒顺序的事。但是当我进行视觉编码测试时，我偶然发现了一个惊人的结果。测试中出现了一个由九个盒子组成的网格，排列为井字形。该测试不是列出一系列数字，而是一个一个点亮这些格子。之后，你需要按顺序逐一单击格子来重复序列：首先按正向顺序，然后按逆向顺序。与音频测试不同，逆向视觉编码比正向更容易。我比较轻松地按照相反的顺序点亮了这些格子，而按正向顺序操作则花费了我更多的精力。

测试之后，我问罗登巴赫我的视觉编码[67]结果是否异常。"完全没有，"他解释道，"我们的大脑就是被设计为反向进行视觉追踪的。当你看到某个动作时，我们的大脑生来就是倒着追踪这个动作的。"当你追踪一枚在空中飞行的炮弹时，你的大脑会通过反向想象它的轨迹，直观地计算出其起点。这是你一直具有的天赋，你却没有真正注意过它。CAB测试使得这些特殊的能力变得格外生动，让它们像3D立体视觉或人脸识别一样鲜明。

"反向视觉编码"（reverse visual encoding）是人类一种普遍的能力。我们中的一些人比其他人更精于此道，这要归功于我们的基因或文化训练。但通常来说，我们在捕捉视觉信息时，反向确实比正向表现得更好，这是人类的一种特质。参加CAB测试帮助我认识到我拥有这种特质，而这种特质本身就是一种洞察力。但我也在寻找个体差异，比如我自己所具有的独特能力。

我问罗登巴赫，这些测试是否让他找到他自己的注意力能力有何特殊之处。起初，他表示反对，他说："我必须提醒自己，我在测试中的分数本身是毫无意义的。我花了这么长时间调试软件，每个任务我都做过数百次。但是随着时间的推移，我发现我在持续听觉注意上表现得并不是非常好。我的脑子里总是有很多想法，使我不知道别人在说什么。"

我问他，知道自己的缺陷是否改变了他的注意力策略。"嗯，我的妻子抱怨我不听她说话，"他停顿了一会儿说，"所以我试着从注意力的组成部分角度来考虑这个问题。我究竟是在听她说话，还是我同时思考了太多的事情，使她的话只是在我的记忆缓冲区匆匆而过？这就是我如何使它合理化——当她说出一些事情时，我正在将她说的话进行排列组合，这耗尽了我所有的编码空间，所以她的话没有被编码。"

"所以你是不是听得太认真了？"我问道，脸上露出了笑容。

"是的。"

"那她买账了吗？"

"好吧，不，我还没有告诉她，"罗登巴赫笑道，"我只是自己想想而已。"

CAB 中最有趣的测试是那些涉及大脑执行的部分。进行编码和持续测试，会让你感觉你好像正在把没有太多控制权的认知能力推到极限：你在编码中碰到了一个八位数，无论你多么集中精力，你都无法把整串数字记在脑子里。但是，随着测试开始探索你的监督注意力技能——处于注意力的"食物链"顶端的技能——你的大脑中感觉像"你"的那部分开始发挥作用。我发现这个执行部分的测试很能说明问题，因为它们最接近真实世界的"注意力"体验，特别是在一个充斥着混合介质和感官超负荷的时代。

注意力监督归根结底是关于选择的：你的执行大脑会同时接收到各种感官通道涌入的五花八门的数据，你必须决定哪些是重要的，哪些是不重要的。CAB 测试将输入的刺激呈现为相当基础的组成部分，但随后它们会变得极端疯狂，在不同的感官通道之间传递信号。最著名的例子就是"斯特鲁普干扰实验"（Stroop Interference Test）。在这个测试中，"蓝""红""绿"这三个色彩的名字不断地随机出现在 16 个方格中。单词本身用不同颜色的墨水书写，有时单词"红"是红色的，也有时单词"红"是蓝色的。在测试的初始阶段，你的任务是选择与其呈现的墨水颜色相一致的所有单词，所有红色的单词"红"、蓝色的单词"蓝"以及绿色的单词"绿"。这项任务做起来远比听起来要难，因为你的大脑要处理来自不同感官相互冲突的信息。当你的注意力集中在网格中的每个单词上时，你的头脑中会出现一个奇怪的问题：我知道这些字母拼写为"蓝色"，但它是蓝色的吗？当你盯着这个词看的时候，这些字母一直在向处理语言的大脑部分发出蓝色的声音，但是你的视觉系统正在产生一个极为不同的报告："你是什么意思，蓝色？那些字母是红色的！"你一部分大脑看到蓝色，另一部分看到红色，你的执行大脑必须做出决定。

当我参加 Stroop 测试时，我发现自己通过尽可能地关闭语言处理器来处理两个模块间的冲突。我试图将每个单词看作纯粹的形状，而不是一系列可识别的字母。幸运的是，这三个单词由不同数量的字母构成，长短不一。所以，我甚至没有真正意识到我在做什么，我发现自己在网格中寻找：最短的是"红"字，中等长度的是"蓝"字，最长的是"绿"字。在开始第二阶段前，我一直非常自豪自己能想出如此巧妙的方法。在第二阶段中，当我试图找出正确的方块时，录音机里一直播放"红，红，蓝，绿，绿"的诵读声，大约就在那时，我开始崩溃。

尽管我的 CAB 之旅可能不是我在电脑前玩得最开心的一次，但是它让我在生活中使用自己不同的注意力工具时，对这些工具有了一种奇怪的精确认识。在接下来的日子里，我在记住一个电话号码后会想：对，这是听觉编码。或者当我在看 CNN（译者注：美国有线电视新闻网）新闻和阅读我的电子邮件之间来回切换时，会想：这是监督注意力的多重处理。在此之前，我只会简单地说，在每一种情况下，我都在努力集中注意力。但现在，这两个行为就像是做俯卧撑和在跑步机上跑步一样不同。这两个行为用到了不同的认知机制，而 CAB 测试让我第一次认识到它们是不同的。

与罗登巴赫不同，我发现我的视觉编码，如对面孔和环境细节的编码是我注意力链条中最为薄弱的一环。通过测试分离出这个特性后，我开始在日常生活中寻找证据。在我做 CAB 测试的那段时间，我和妻子正在对我们新买的房子进行翻修。我们会去检查进展，等回来后，我妻子的脑海里装满了几十个看似照片般逼真的细节，而我的脑海里只有少量的图像和大体的印象。我们看到的是同样的物体，但我没有对它们进行编码。我开始用计算机软件语言来思考它：我默认的视觉编码系统被关闭了。对我妻子而言，情况正好相反：仅仅是在房间里来回踱步，她的脑海里就充满了几天后还能回忆起来的细节。这并不意味着我无法记住视觉信息，事实上，既然找到了问题所在，我已经找到办法让自己有所提高，在我想要记住的环境中，我会有意识地打开编码系统。我不再被动地扫视一个房间，而是把它分解成各个部分："注意门框的边缘有个裂缝，现在看看这里的电子面板……"虽然我还不能与我妻子的技能相媲美，但至少我现在开始做了。

在我和 CAB 接触之后，我产生了一种奇怪的、无疑是错觉的副作用。因为我了解一点大脑解剖学，所以我开始认为不同的注意力模式来自我大脑中不同的位置：监督任务发生在我的额叶周围，而更原始的任务，如维持，似乎发生在我的头骨后面，靠近对视觉传入的数据进行加工处理的地方。所有与我讨论过这一观点的脑科学家都声称，这种颅内空间化是不可能的：你无法真正"感觉"到大脑中哪个位置在进行着计算。但在某种程度上，我的这种感觉更能说明问题：作为人类，我们是伟大的地图绘制者，我们具有天生的空间组织能力（有一种理论认为，大脑中负责长期记忆的海马，最初进化来是作为一种认知地图制作的工具，以帮助我们的祖先在复杂的自然环境中找到方向）。我已经在心里勾勒出了大脑的注意力系统，同时我对该系统的组件有了一些新发现，因此我的大脑几乎避无可避地会将这份地图叠加在自己身上，就像心智的一个障眼法。

抛弃注意力是一个单一类别的事物这种想法，将带给你两个主要的启示。我们已经看到了第一个：如果注意力实际上被划分成了几种不同的模式，那么了解哪种模式适合你、哪种模式不适合你是有帮助的。第二个启示在更高的层面上起作用：如果你的注意力是一个交互模式的系统，那么你的大脑所执行的最重要的一个高级功能就是切换这些模式。你可以成为世界上最棒的听觉编码专家，但如果在适当的时候，你不能切换到听觉编码模式，你的才能将白白浪费。拥有一个有效的大脑[68]其实就是拥有一个好的工具，但同样重要的是，你需要在正确的时间拿出正确的工具。

在做完 CAB 测试后不久，我前往美国西部进行我在神经反馈世界的最后一次探险——前往位于好莱坞山另一侧的奥思默研究所（Othmer Institute）的办公室，距离谢尔曼·奥克斯购物中心（Sherman Okas Mall）不到十分钟车程。该研究所由苏珊（Susan）和西格弗里德·奥思默（Sigfried Othmer）[69]夫妇经营，他们都是执业心理学家，也是神经反馈的长期倡导者。苏珊同意和我谈谈他们的练习，并和我一起做一些训练。开车到他们办公室的路上，我一直在想着模式转换的重要性，所以当我和苏珊终于在她的办公室见面时，我很快提出了这个想法。

我还没说完，苏珊就重重地点了点头，她的声音平静而自信，完全没有我遇到的其他神经反馈练习者那种过于热情的样子，让我耳目一新。她说："我认为我们所做的一切都是为了提高大脑的自我调节能力。我们的状态在 24 小时内变化很大，但我们并没有感觉到，这是因为在通常情况下，我们的状态与当时的情景是匹配的。"像注意力训练仪那样的工具旨在将你的大脑推向一个单一的目标，但是苏珊对探索不同的状态更感兴趣：专注但平静，高能量的，或冥想恍惚的。由于计算机软件都是在不改变周围环境的情况下，人为地推动你的大脑进入这些模式，你会以一种全新的清晰感去感知这些状态本身。

"有了神经反馈，你有时会莫名其妙地突然感觉自己处于一个不同的状态。"苏珊轻笑道。你没有注意到自己平时做白日梦的感觉，因为你正忙着做白日梦。但是当一组电极正贴在你的头骨上，一个完全陌生的人坐在离你两英尺远的地方时，你进入了白日梦模式，你的注意力就会发现。"如果我把你训练在低能量状态，你会觉得有点醉，有点昏昏欲睡，你可能会不想开车，"苏珊一边启动电脑进行演示，一边说，"如果我把你训练在高能量状态，你就会在房间里蹦蹦跳跳。"

苏珊开始了训练，她先向我展示了其他人的脑电波。在屏幕上有三条线，代表频谱的不同部分。在顶部的直线上，每隔一段时间就会出现一次尖峰。苏珊指着它说："你通常会在昏昏欲睡的状态中看到它们。但是这个人当时是完全清醒的，所以你可以看到他的注意力问题有多严重。"她一边说话，一边把电极贴在我的头骨上。摆弄了几分钟后，她点击了屏幕上的一个按钮，接着屏幕上出现了一条滚动的线。

"这就是你。"她说。于是，现在的我，或者至少是我的一小部分，在电脑显示器上被削成了锯齿状线条，谢天谢地不是尖峰状的。

"我将要提取脑电波，把不同的频率分开。"她继续说道。只需单击一下，一条线就变成了三条线。"然后我要在其中一些频率上设置阈值，每当你在阈值范围内提高振幅，我都会奖励你。"显示器上的视觉反馈让我立刻明白了苏珊的描述。随着波形穿过屏幕、有高有低，苏珊在波浪的上方和下方画了两条边界线。如果使两条边界线彼此接近，会减少可容纳波形的空间；将它们推得更远，则能打开更多的空间。对我来说，练习的目标是尽可能地填充线条之间的空间，而不越过边界。

通过改变阈值，她可以间接改变我大脑的内部状态。"假设我们有一个钩子，我们可以抓住它，向上或向下移动它。降低节律，它会变得更深沉；升高节律，它就会变得更活跃。"她说。

当然，所有这一切都取决于我改变大脑内部的状态以匹配不断变化的阈值的能力，这就是奖励的来源。我问她会如何激励我，我想或许是糖果，或许是金色的星星。然后，她打开了第二台显示器，屏幕上出现了一个精简版的吃豆人：一个白色圆点的迷宫，左上角有一个圆形生物，它正准备出发。"这就是你的奖励。当你增加振幅时，吃豆人会开始穿过迷宫，每吃掉一个白点，你会听到哔一声，这个过程几乎是'让它发出哔哔声，并为它发出的哔哔声感到高兴'。"我告诉她，这听起来很合我的口味，她笑着说："这对孩子们来说通常很容易，但对第一次接触的成年人而言，几乎是不可能的。"

苏珊建议我们从一个更积极、更警醒的状态开始。她点了几个按钮，训练开始了。我盯着吃豆人等了几秒钟，什么都没发生。我试着改变我的精神状态，但大多数时候我觉得我是在改变我的面部表情，以传达一种积极的警觉感，好像我正坐在大学教室的前排，准备迎接教授。几秒钟后，吃豆人向前移动了几英寸，机器发出几次哔哔声。我并没有感觉到任何不同，但我记得苏珊说"为它发出的哔哔声感到高兴"，于是我试图关掉大脑中专注于自身活动的那部分，果然哔哔声又出现了，吃豆人继续在迷宫中漫步。我很开心。

在我完成整个迷宫之后，苏珊问我的感受如何。我做了一个快速的自省，报告说我确实感到更警觉一点，但没有非常亢奋，这种感觉更像是我看着正在煮着的咖啡时那种乐观的预期状态。苏珊提议把我的边界线下调一些，我再次与吃豆人开始心智共舞。这一次，我发现让吃豆人移动的最好方法是模仿我早上在吃麦片时走神的状态，也就是我们经常说的"分神"状态。我花了几分钟的时间来指挥吃豆人穿过迷宫，当我完成时，低节律的大脑状态挥之不去，让人不快。

进入这种"分神"状态比进入"警觉"状态更容易给我留下印象，一部分原因是，"分神"让我从进门以来一直处于的那种状态中得到了明显的改善。和一个陌生人交谈总是让我有点紧张，尤其是在面试的时候，快速地从平常的闲聊天气过渡到更重要的想法。我发现自己说得更快，无论是内心独白还是外在对话。在外部，我说了很多笑话，而在内部，我的心智阅读通常会超负荷运转。（"她认为我是个白痴吗？我为什么不停地说这些笑话？"）所以，当苏珊试图用神经反馈鼓励我时，这种改变并不是那么明显。但在第二次训练后，我发现自己处于一种更慢、更深层次的状态，这让我感到震惊。我只在20分钟前见过这个人，但我在初次见面时的紧张感竟然荡然无存。我心想：如果环境允许，我不介意学习如何控制自己切换到这种状态。在我看来，这是对神经反馈将造就一代具有超级注意力的人感到害怕的人的解药：你可以尝试使用这个技术来提高注意力，或者学习如何让事情变得更模糊。也许更重要的是，你可以使用该技术来帮助你选择合适的状态。

在我遇到苏珊之前，我曾将神经反馈视为一种工具，帮助我们的注意力获得大幅提升，而不是一种提高我们在不同状态之间切换能力的工具。但苏珊和她的发出哔哔声的吃豆人帮助我看到模式本身就是一种技术，而且你可以通过接受训练以获得更好的表现。心智有很多模式，模式之间可以互相切换，这两个领域对于学习如何使用你的大脑都至关重要。"学校不会教你如何切换模式，"苏珊在课后告诉我，"但这是我们在这里试图教授的东西。"

CHAPTER 4 第四章

Survival of the Ticklish
痒中求生

　　所有神经系统健康的孩子在刚出生后的几个月内都会开始微笑，大多数父母都认为，那些笑脸的出现是他们与孩子关系的转折点。在经历了数周的睡眠和哭泣交替出现之后，孩子的眼睛和嘴部肌肉开始发出快乐的信号，通常孩子们是在看见父母的脸时微笑。突然间，孩子能够做出积极的反馈，而且这个时机不会来得太快。

像许多新手父母一样，刚得知我妻子怀上孩子的那几分钟，我就开始担心怀孕期间可能出现的各种问题。几个月过去了，我一直被那些常见的烦恼困扰着：流产的风险，怀孕初期食物中毒，超声波带来的伤害。然而，到了第六个月，胎位意外下降，产科医生建议我妻子卧床休息以防早产，直到最后几周她才起床活动。当我们为分娩做准备时，我的焦虑简直可以拍成情景喜剧。妇产科医生所在的医院位于上东区——从我们的公寓出发，在不堵车的情况下要20分钟的路程，但是要想在曼哈顿城中不堵车，这就像指望有人在纽约地铁上让位给孕妇坐一样难得。我幻想过自己在罗斯福大道的人行道上，或是坐在出租车的后座上接生我的孩子。

　　但幸运的是，我们的儿子一直乖乖地待在子宫里，直到预产期才出来，甚至等我们乘车到了医院才出来。他出生后没有并发症，在医院待了两天后，母子俩平安出院。当我们回到市中心的公寓时，我注意到我的那种极度焦虑的感觉在48小时前就完全消失了。当我们的出租车在医院前面停下时，很明显，我用不着当那15分钟的业余妇产科医生了。那天晚上，我们三个人第一次一起睡在同一个房间里，我意识到自己在过去九个月里，一直背负着多么强烈的焦虑。而现在，妻子和孩子在我身边心满意足地睡着，我的感觉是多么轻松啊！我心想：我真是等不及明天起床了，真想体验一下在没有恐惧的情况下四处走动是什么感觉。

然而，事情并不尽如人意。因为第二天是 2001 年 9 月 11 日。

我对那可怕的一天的记忆就是看到 20 个街区之外的大楼被烧毁，在电视上看着它们倒下，在网络新闻报道另一架飞机失踪时，感觉到了恐惧。但是，有一段特殊的记忆冒了出来，在接下来的日子里，我发现自己一直很困惑它究竟意味着什么。那段记忆是我站在妻子身边，她正在摇椅上喂着我们三天大的儿子，我告诉她第二座大楼已经倒塌了，并在她眼睛里看到了异常冷漠且平静的眼神。我心中充满了初为人父的担忧：我们在自己的公寓里安全吗？我们应该离开这个城市吗？空气对我们的儿子来说有危险吗？但是我的妻子看上去没有任何反应，就仿佛我正在描述我从超市回家的路上看到的一场小车祸。

后来，她承认她感觉整件事情像是发生在另一个世界，与她无关。虽然她为自己没有受到足够的触动而感到内疚，但她无法让自己去经历其他人似乎正在经历的震惊和恐惧。从逻辑上讲，她明白发生了可怕的事情，但她感受不到。她并不是对潜在的威胁漠不关心，她建议家里人去做所有正确的事情——储存瓶装水，给儿科医生打电话征求关于空气质量问题的建议。但你从她的眼睛里，从她的整个状态中可以看出，危机带给她的影响和其他人不同。

这件事对我来说似乎很奇怪：因为她怀里抱着一条小生命，我本以为新手妈妈会产生一种夸张的惊恐感，保护孩子难道不会引发更强烈的恐惧反应吗？那天，当我们考虑各种选择时，我能感觉到我体内的肾上腺素水平在上升，但我的妻子却像是服用了镇静剂一样。这到底怎么回事？

我后来了解到，答案倒真的是我们彼此服用的药物非常不同，不过这个药物是我们自身分泌的激素。当我受到不同激素混合在一起产生的影响时，我产生了"战斗或逃跑"的反应，而我的妻子正被一种非常不同的化学物质平复着——一种叫作"催产素"（oxytocin）[70]的迷人分子，它在我们生命中最重要的情绪事件中扮演着重要角色：坠入爱河、形成强烈的社会依恋、生孩子。当我在公寓里疯狂地踱步，眼睛盯着 CNN 的最新新闻时，催产素使我的妻子保持平静并哺育孩子。尽管我考虑到了儿子的最大利益，但我非常清楚我们当时谁的回应对儿子更有帮助。

一年后，我发现自己在加利福尼亚大学洛杉矶分校的韦斯特伍德校区，与心理学教授谢利·泰勒（Shelley Taylor）[71]会面，她对催产素和压力之间的关系进行了深入的调查研究。现在研究大脑的队伍越来越壮大，泰勒也是其中一员，她重新强调了大脑中的"积极"情绪回路。由于多种原因，脑科学家在过去花费了很多时间来探索"消极"情绪反应的神经通路：在今天的心智地图上，虽然仍有很多轻微的边界争端，但恐惧和压力的区域被清晰地描绘了出来。不过直到最近，爱和归属感的区域还是隐秘的，该领域的研究文献如此之少，以至于你几乎注意不到它的存在。但是泰勒和她的同事们已经开始改变这种现象了。

当我们在她的办公室见面时，洛杉矶市中心的景象在她窗外的松树枝后若隐若现，我首先询问她是如何对催产素［不要与经常滥用的止痛药奥施康定（Oxycontin）混淆了］产生兴趣的。泰勒讲述了在 20世纪 90 年代末期一位访问学者就压力和"战斗或逃跑"本能这一主题进行演讲的故事。演讲者讨论了当实验鼠被暴露在压力下表现出的攻击性。在常规压力下，如电击，如果不把它们分开，它们真的会相互撕咬抓伤致死。

"那就像我脑袋里的一个灯泡，因为这个行为和我们在人类研究中通常看到的现象完全不同。"泰勒对我说，"所以我回到实验室，对团队成员说：'你如何看待动物研究和我们在人类身上看到的现象之间的差异？'其中一个人说：'你知道，动物研究都是以雄性为基础的，根本不包括雌性，因为雌性的生育周期太短了。'另一个人说道：'我认为人类研究也是以男性为基础的。'所以我们开始在文献中查找关于女性对压力的反应的研究，结果发现这方面的研究少之又少。在1995年之前，女性只占参与者的17%，实际上没有任何一项研究有足够的女性被试来做比较研究。"

性别均等的缺失不仅仅是一个政治问题，几十年来，关于压力反应的科学文献围绕着一个基本的因果链。比如，引入一个压力源（一个凶猛的捕食者，或者是一个偷走了你食物的竞争对手），你的身体会发生一个现在广为人知的"战斗或逃跑"反应。泰勒怀疑"战斗或逃跑"的本能只是故事的一半："我对我的团队说：'好吧，让我们从头开始。女性在干什么？用"战斗或逃跑"来描述女性对压力的反应合理吗？'几秒钟之内，我们所有人都立即给出了回答：'不合理。'因为女性必须肩负起对后代的保护责任，至少在有孩子的时期是这样的。我们的想法是，如果你是单身，战斗行为是正常的；但如果你想保护你的孩子，战斗是行不通的。逃跑也是同样的道理，只有像鹿这样的有蹄类动物的后代才能在出生后不久逃跑。"

在参加完最初的压力讲座后两年，泰勒以在《科学》(Science)杂志上发表文章的形式阐述了她的回应，文章名为《哺育本能》(The Tending Instinct)。她认为，"战斗或逃跑"是人们应对压力的一种方式，但我们还有另一种选择：哺育和交友（tend-and-befriend）。你可以通过与压力作斗争来对抗压力，也可以联系你的同伴寻求援助。这两种方式都会出现在人类的生活中，不过泰勒认为，哺育本能[72]在女性身上更为常见。她说："最近有一个针对28项不同研究的元分析，其中26项发现女性在压力大的情况下，寻求社会支持的概率比男性更大。除了生育，人类看起来几乎没有性别差异。在性别差异中，男性在空间上稍占优势，而女性更有语言优势，不过当你实际观察这两条曲线时，会发现有大量的重叠。但在面对压力寻求社会支持方面，数据显示，性别差异很大。"

泰勒和她的团队甚至有一种强烈的预感，这种哺育本能背后存在着大脑内的化学物质机制，而催产素在这些化学物质中发挥了重要的作用。研究人员早就知道，生活事件中涉及强烈的情绪依恋时（分娩、哺育以及性高潮），都会释放催产素。较高的催产素水平也与极具压力的体验有关。虽然男性和女性的大脑中都存在催产素，但有证据表明：雌激素（estrogen）增强了催产素的作用，而它在睾酮（testosterone）含量高的男性体内[73]的作用会被减弱。如果哺育本能有一种生物学机制的话，催产素可能在其中起了作用。

要深入研究催产素的文献，你就绕不开一种令人难忘的小动物，迄今为止，它比任何其他动物都更能揭示依恋的神经化学机制。它就是草原田鼠（prairie vole），一种原产于美国中西部平原的小型啮齿动物，是自然界伟大的浪漫主义者之一。交配后，大多数田鼠终身都与伴侣保持一夫一妻的关系，共同养育子女，过着幸福的家庭生活。至少可以说，这在自然界是一种不寻常的做法：在哺乳类动物中，只有5%会出现这种一夫一妻制的父母双全的行为。大约20年前，一位名叫苏·卡特（Sue Carter）的神经内分泌学家开始对草原田鼠的大脑[74]

进行研究，试图了解是什么导致了这种非同寻常的忠诚。

"我当时对催产素很感兴趣，因为我知道催产素会在性行为中释放，"在威斯康星大学麦迪逊分校的办公室中，卡特通过电话告诉我，"已经有研究表明，催产素促进了绵羊的亲子关系。"当卡特把催产素注射到田鼠的大脑里时，这些动物形成了比平常更为紧密的联结。卡特还从相反的角度研究了催产素的作用，她通过注射关闭催产素受体的化学物质阻断了催产素的作用。结果草原田鼠的生活方式立刻发生了改变，由海狸式（译者注：海狸是典型的终身一夫一妻制）变成了伍德斯托克式（不加选择地交配，没有任何持久的依恋）。"催产素在联结关系中产生作用的最有力证据是，当你阻断催产素受体时，动物不会形成配对的联结。"卡特解释说。

几年后，埃默里大学（Emory University）教授、美国国立精神卫生研究所（NIMH）主席汤姆·因塞尔（Tom Insel）开始了一项对比研究，他分析了草原田鼠和它们不那么遵循一夫一妻制的"表兄"——山地田鼠。因塞尔发现了这两种田鼠之间的显著区别：在忠诚的草原田鼠中，催产素受体与多巴胺（dopamine）受体在大脑中一个叫"伏隔核"的区域重叠；在非一夫一妻制的山地田鼠中，催产素受体则位于其他地方。伏隔核通常被认为是大脑中的一个重要的快乐中枢，而多巴胺则协调着觅食和进食的行为。换句话说，在一夫一妻制的田鼠中，催产素受体被牢固地植入大脑的奖赏回路中。这种结构表明，与催产素释放相关的行为会让草原田鼠的大脑感觉良好，但是对山地田鼠就没有这种影响。如果是催产素鼓励动物与伴侣保持依恋，那就难怪草原田鼠会表现得如此忠诚，因为它们的大脑结构使得依恋行为变得愉悦。

将田鼠研究应用到人脑的化学[75]的诱惑大到不可抗拒。就像一夫一妻制的草原田鼠一样，人类催产素受体[76]也位于大脑中几个富含多巴胺的区域，这表明催产素也嵌入了人类大脑的进食和奖赏回路中。一项研究对比了被试在看爱人照片和看普通朋友照片时的大脑活动，结果显示大脑皮层的活动模式明显不同。有趣的是，功能性磁共振成像扫描中，人们在浪漫地注视着爱人照片时的大脑活动与新手妈妈听到婴儿哭声时的大脑活动有着惊人的相似性，这二者也与可卡因影响下被试的大脑图像相似（稍后我们将回来讨论它们的相似性）。

面部识别研究特别有趣，因为许多动物研究已经强有力地将催产素与社交记忆的形成联系起来。一个假设是：在性高潮或分娩等建立联结的事件中释放催产素，有助于巩固伴侣或新生儿在自己心目中的形象。用母乳喂养孩子的母亲，通常会记得在喂奶期间孩子注视着她们的难忘情景。这个记忆如此生动以及它与温暖母爱的关联，可能就是催产素留下的烙印。

大脑中有一个专门负责爱的回路，有些人不能接受这一点。我们很容易接受这样的想法：我们的恐惧反应应该有自己的化学和神经结构，但不知为什么，认为爱这样丰富的情感中存在着类似的生理机制似乎有点自我贬低。一次晚餐时，我告诉了一个朋友关于催产素和依恋神经科学的一些趣闻。他满怀热情地坐在那儿，听完了许多其他与大脑有关的即兴段子。但当我转向爱的话题的时候，他怀疑地看了我一眼说："我很难相信人们体验爱的方式有那么多共性。我敢打赌，如果你扫描处于浪漫爱情中的人们的大脑，每次看起来都会不一样。"

在某种程度上，我的朋友是对的：我们的大脑就像指纹一样，每个人都有一点不同。当你想到心爱的人时，一个独特的神经元群激活了，激发起对爱人的面部图像和有关过去相伴时光的记忆——就像一杯混合了不同情绪的微妙的鸡尾酒。毫无疑问，有些人体验到的爱情更为生动，有些人发现它与性吸引力有着千丝万缕的联系，还有些人则有着柏拉图式的爱情观。理论上，所有这些差异都可以通过高级大脑扫描检测出来。

然而，在多样性之下，仍有一些共同的核心模式存在。根据定义，情感这一基本要素需要一个神经回路来完成运作。如果爱缺乏生理基础，如果它只是我们决定要学习的某种东西，比如学习如何打字或演奏大提琴，那么这种情感就不会拥有它在我们日常生活中转变和升华（有时甚至是破坏性的）的力量。理解爱，一部分是欣赏独特性，而另一部分则是分享共同的经验，这就是为什么浪漫主义诗歌能引发人们的共鸣。

因此，它可以归结为，你所谓的"独特性"究竟是什么。从某个角度来说，每个指纹都是独一无二的，因为它的特征标记将它与地球上的其他指纹区分开。但是从另一个角度来看，所有的指纹又都是一样的：它在我们手指前端的皮肤上，都是半同心圆形排列，且具有一系列可靠的组成部分：中心点、分歧点、三角点。爱就像指纹一样，其成分总是以新颖的方式排列，但是这些成分本身是通用的。

人类大脑的复杂性以及进行爱的研究的实验伦理问题，可能意味着对人类依恋的科学理解不会像某些人希望的那样迅速进行，这让浪漫主义诗人松了一口气。然而，虽然我们对人类神经化学知之甚少，但这种化学在其他哺乳类动物身上的重复程度表明，爱和心跳调节或立体视觉一样是我们进化遗产的一部分。如果我们进化成一个有着不同交配和育儿习惯的物种——像大多数爬行动物那样在出生时抛弃自己的孩子、任意更换伴侣——我们的大脑很可能无法感受到爱。

爬行动物既缺乏我们大脑的新皮层（语言和高级学习的中心），也缺乏人类大脑的大部分边缘系统（正如我们所见，它在调节情绪反应方面起着关键作用）。爬行动物的大脑根本不会产生[77]催产素分子。如果某种进化的偶然性导致爬行动物发展出能够掌握语言和更高层次意识的高级前脑，在维持它们不抚养孩子的习惯的同时，它们可能最终会写出一些关于深层次生物化学驱动力（如温度调节）的有力诗句，但是它们写不出经典的爱情十四行诗。爱的生物能力是大脑为后代准备的一种方式，它们出生时幼小无助，甚至在照顾之下也仅有一丝的生存希望。这种照顾是以社会联系（social bond）的形式出现的：父母和孩子之间，父母之间，帮助抚养孩子的大家庭之间。当我们进入一段爱的关系时，大脑会为我们制造快乐、奖赏和满足感，而这种感觉正是维系这些联结的黏合剂。

当你从这个角度来思考爱和依恋时，爱看起来像是一种解决一个棘手难题的方法：让有机体去照顾其他有机体，即使这样做不符合他们的直接利益。新手父母会立即意识到这一点，在一些日子里（更可能是在晚上），当你低头看着尿布台上那哭闹着排便的生命时，你会想："我为什么要这样做？"爱的神经回路是进化使你坚持下去的方式。大脑中化学物质的变化促使你在饥肠辘辘时寻找食物，促使你在受到攻击时寻找安全之地，它们也会促使你去安慰你的孩子，继续换尿布，尽管你已睡眠不足且脾气暴躁。

进化生物学家唐纳德·西蒙斯（Donald Symons）[78]对我们情绪的进化有一个很好的解释：我们之所以有强烈的感情，正是因为受情绪驱动的目标通常是难以实现的。目标越难，感觉就越强烈。在我们大脑进化的环境中，寻找食物和照顾孩子是极具挑战性的任务，但对成功繁衍至关重要。因此，进化找到了一种鼓励我们的方法，通过在大脑中建立奖赏回路，使我们享受进食和照顾孩子。当然，消耗氧气对我们的成功繁衍同样重要，但我们的环境中氧气充足，所以我们呼吸时不会有温暖和满足的感觉。我们需要氧气来生存，但因为氧气不难获得，所以我们不需要一个复杂的奖赏回路驱使我们在逆境中寻找它。

也许关于亲子依恋最好的进化例子，可以追溯到我们最初对心智阅读的讨论：微笑的本能。所有神经系统健康的孩子，在出生后的几个月内都会开始微笑，大多数父母都认为，那些笑脸的出现是他们与孩子关系的转折点。在经历了数周的睡眠和哭泣交替出现之后，孩子的眼睛和嘴部肌肉开始发出快乐的信号，通常孩子们是在看见父母的脸时微笑。突然间，孩子能够做出积极的反馈，而且这个时机不会来得太快。如果你试着做一个可怕的基因实验，将婴儿首次微笑的时间推迟六个月，我想你会看到，被父母送给别人收养或完全被遗弃的孩子的数量会成比例地增加。亲子之间最初的微笑交流是进化史上最美妙的和声，这是一个大脑与另一个大脑的互动，前者产生了这种特定的表情，而后者一看到这种表情就感到了强烈的愉悦。它们是爱的语言中第一个无声的音素。

当然，微笑只是开始。这本书中的许多内容都是在一个不断回荡在我家里的声音中敲打下来的：我蹒跚学步的儿子的笑声。在大多数日子里，笑似乎是他的主要活动。而且笑的效果通常是有感染力的，在听到他愉快的笑声时，我们很难不跟着他一起笑。我和妻子带着儿子一起做了各种有意义的事情，但很少有什么事能像和他一起笑一样快乐、温暖。我们的笑声常常是由挠他痒痒、和他打闹引起的。

这并没有什么新奇的，但还是有一些奇怪。我们理所当然地认为，挠痒痒会引起笑声，而一个人的笑声很容易"感染"听力范围内的其他人，即使是小孩子也知道这些事情。但当你退一步思考这些事情时，它们看起来就有些奇怪。我们可以很容易地理解为什么自然选择会在我们身上植入"战斗或逃跑"的反应，或者赋予我们性驱力。但是当别人在我们面前笑的时候，或者当别人用羽毛抚摸我们的腹部时，我们也会想笑，这在进化上有什么好处呢？然而，只要快速浏览一下尼尔森收视率调查表（Nielsen ratings）或个人广告，你就会发现笑是我们所能得到的最令人满意、最受欢迎的状态。

要理解笑的根源，你就必须摒弃自己的习惯性假设：笑是一件"自然"的事。我们习惯性地认为，笑是对幽默的一种合乎逻辑的反应，但这种联系是一种误导。我们越了解是什么让我们发笑，就会发现它离幽默越远。要理解笑的根源，你必须停止思考笑话。

关于幽默本质的学术研究历史悠久，成绩斐然。从弗洛伊德的《诙谐及其与潜意识的关系》（*Jokes and Their Relationship to the Unconscious*，这本书可能是有史以来关于幽默的最不好笑的书），到英国一个研究小组最近宣布已经确定了世界上最有趣的笑话，尽管研究人员声称在调查中选取了大量的国际听众作为样本，但获胜的笑话却是围绕着新泽西州的居民而展开的。

　　两个新泽西州的猎人在树林里，其中一个倒在了地上，他好像没有了呼吸，往上翻着白眼。另一个家伙掏出手机，拨打急救电话。他气喘吁吁地对接线员说："我的朋友死了！我该怎么办？"

接线员以平静、抚慰的声音说："放轻松，我可以帮忙。首先，让我们确定他已经死了。"一阵沉默之后，听到了一声枪响。那个家伙的声音又回到了话筒里，他说："好了，现在做什么？"

通过这个笑话可以看出，它之所以让人们感到幽默，是因为它具有意料之外的不一致性：你期望的是 X，却得到 Y。要想让这个笑话发挥作用，需要在两个层面上解读急救电话接线员的指令：猎人要么检查他朋友的脉搏，要么开枪杀了朋友。上下文的情境让你以为他会检查他朋友的脉搏，所以当他选择另一种不太可能的方法时，大家就会觉得很好笑。当然，这种不一致是有限度的：如果猎人选择做一些完全荒谬的事情，比如解开鞋带或爬上树，这个笑话就不好笑了。正如我们将在下一章中看到的，惊讶在幽默里也发挥了重要作用。大脑中包含了许多子系统，它们会对意想不到的或新异的发展做出强烈反应。

近年来，有一些研究观察了当被试在为好笑的笑话发笑时大脑的活动，试图找到幽默的神经机制。早期的证据表明，额叶与"理解"笑话有关，而与运动控制相关的大脑区域则执行笑的身体反应。一项研究分析了右侧额叶受损的患者，右侧额叶是大脑中情绪、逻辑和知觉信息融合的一个整合区域。与对照组相比，此类脑损伤患者选择一系列笑话的恰当的笑点要困难得多，他们通常选择荒诞的、闹剧式的结尾，而不是传统的结尾。即使幽默以粗俗、低级的形式出现，实际上对笑话的理解也利用了我们高层次的认知功能。

这是罗伯特·普罗文（Robert Provine）[79] 开始研究笑时所做的一项研究：他让人们听笑话和其他诙谐的妙语，然后观察被试的反应。普罗文是马里兰大学心理学和神经科学教授，著有《笑：一项科学调查》（*Laughter: A Scientific Investigation*）一书。该书揭示了他十年来研究为什么我们会笑的成果。普罗文一开始只是观察了一些日常的对话，并计算人们在听别人讲话时笑的次数，但他很快发现，自己关于笑的假设存在根本性的错误。"我开始记录所有这些对话，"普罗文说，"得到的数字简直让我无法相信，说话者比听者笑的次数更多。每次发生这种情况，我都会想：好吧，我必须重新计算，这不可能是正确的。"

事实证明，说话者比听者笑的可能性高出46%[80]，而且他们发笑之处大部分并不好笑。听者和说话者似乎都对传统的笑话不感兴趣。普罗文和他的研究生团队记录了在日常对话中引发笑声的"笑点"。他们发现，在引发笑声的句子中，只有大约15%[81]是真正好笑的。这些让人大笑的"笑点"包括：

待会儿见。

把烟收起来。

我希望我们都做得好。

我见到你也很高兴。

我们可以处理。

我明白你的意思。

我应该那样做，但我太懒了。

我努力过正常的生活。

我想我完了。

我早就告诉你了！

在此之前的几项关于笑的研究都认为，笑和幽默有着千丝万缕的联系，但普罗文早期的研究表明，这种联系只是偶然的。人们听到笑话当然会笑，但这只是笑的一小部分。"笑有它阴暗的一面，我们有时很容易忽略，"他说，"科伦拜恩高中的孩子们在学校里朝同龄人开枪时都在笑。"

随着研究的不断深入，普罗文开始怀疑笑实际上不是关于幽默、插科打诨或不一致性的东西，而是关于社会交往的东西。他在一项已经进行的研究中发现了对这一假设的支持，该研究分析了人们在社交和孤独情境中笑的模式。"如果不把模拟的社交环境（如电视上的人造笑声）计算在内，和别人在一起时，你笑的概率是独处时的 30 倍。"普罗文说，"事实上，当你独处的时候，你更可能对自己说话而不是笑，并且前者出现的次数要多得多。"想想看，你因为书中一段有趣的话而大笑的次数是多么少，但是当你和一个老熟人打招呼时，你友好地笑起来的速度是多么快。笑不是对幽默的本能生理反应，它不像我们对疼痛的畏缩反应，也不像我们对寒冷的颤抖反应，它是一种本能形式的社交联结，而幽默只是其中一种让我们发笑的方式。

普罗文在马里兰大学巴尔的摩校区的实验室看起来像是一家音响修理店——长桌上到处都是旧设备、管子和电线，墙壁上装饰着色彩鲜艳的神经元纠缠的海报（加上印在上面的一些荧光色文字，它们可能会被看作"感恩而死"乐队在菲尔莫尔音乐会上的海报），一个挠痒娃娃（Tickle Me Elmo doll）躺在椅子上。普罗文的导师，已故的神经胚胎学家维克托·汉布格尔（Victor Hamburger），从一张挂在破旧的美国硅图公司工作站上方的照片里往下看，他的表情显示出一种担忧的困惑："我把你训练成一个科学家，而你却在玩洋娃娃！"

虽然普罗文的大部分工作都借鉴了他在汉布格尔那里接受的训练，探索笑的神经肌肉控制及其与人类和黑猩猩呼吸系统的关系，但最直接的方法是观看一些非正式的实地调查录像。录像主要由普罗文和一名摄影师拍摄，他们在巴尔的摩的内港徘徊，要求一群人对着镜头开怀大笑。录像的整体效果更像是当地新闻的花边故事，而不是严肃的科学研究，但当我和普罗文在实验室里一起看录像带时，我发现自己用一种全新的眼光看待那些笑声。同样的模式一遍又一遍地在屏幕上重复着：普罗文让某人对着镜头笑，他们表示异议，困惑地看了一会儿，说："我没办法就这样笑。"然后他们转向他们的朋友或家人，笑声像呼吸一样自然地从他们身上流露出来。无论被试是在野外考察的高中生、已婚夫妇，还是大学新生，这种模式始终保持不变。

有一次，普罗文穿着格子衬衫和卡其裤，看起来像喜剧演员罗伯特·克莱因（Robert Klein），他让两个开着一辆装满垃圾袋的高尔夫球车的废物处理工人对着镜头笑。当他们无法笑起来时，普罗文问他们为什么。"因为你不好笑。"其中一个人说，然后他们相视而笑。

"看，你们两个就能让对方笑起来。"普罗文说。

"是的，因为我们是同事。"其中一个人答道。

当普罗文浏览录像时，他对笑的模式的持续关注对我产生了一种奇怪的影响。当我们看到一群高中生的时候，我已经完全听不到他们说的话了，只听到每十秒钟左右就爆发出一阵有节奏的笑声。从声音上讲，笑声占据着主导，你几乎听不到歇斯底里笑声背后的对话。如果你是第一次遇到人类的外星人，你不得不假设笑声是人类主要的交流方式，而口头话语则是穿插其中的一些解释。

在一次特别大的笑声爆发之后，普罗文转向我说："现在你还认为他们每个人都是在有意识地做出笑的决定吗？"他摇了摇头，说："当然不是，他们根本没有意识到自己做了什么决定。事实上，我们常常没有意识到，我们甚至从一开始就在笑。我们高估了自己对笑的意识控制。"

有证据表明，笑的生理机制在脑干，脑干是神经系统中最古老的区域，也负责我们基本的生命功能（如呼吸）。肌萎缩侧索硬化症（amyotrophic lateral sclerosis, ALS），即卢·格里克氏症（Lou Gehrig's disease）是一种脑干病变，患者经常会不由自主地发出一阵阵无法控制的爆笑，却没有任何快乐的感觉（他们也经常经历类似的哭泣体验）。脑干有时被称为"爬行动物脑"（reptilian brain），这是因为它的基本结构可以追溯到爬行动物的祖先。它主要负责我们最原始的、维持生命的本能，与我们复杂的、更高级的理解幽默的大脑功能相去甚远，然而不知何故，我们在大脑的这个原始区域里显然找到了笑的冲动。

我们习惯性地将常见但无意识的本能视为必要的适应性行为，如惊吓反射或新生儿的吮吸反应。为什么我们会对笑这样看起来很轻率的行为有一种本能的反应呢？看到普罗文视频中正在笑的青少年让我想起了美国天文学家、科幻作家卡尔·萨根（Carl Sagan）的一个笑话，他描述了"一种灵长类动物"，它们喜欢五六十只成群结队地聚集在一个黑暗的山洞里，齐声呼气几近昏厥。这种行为描述起来就是像鲑鱼疯狂地向上游游去直至死亡，或者蝴蝶每年飞几千英里去会合一次。当然，这个笑话说的灵长类动物就是人类，而集体呼气是指人类喜欢在喜剧俱乐部或剧院里笑，或者在家里跟着电视上的人造笑声一起大笑。

当电视的扬声器里又传来一阵笑声时，我正在想萨根的那段话，我甚至都没有真正意识到自己在做什么，却发现自己正跟着屏幕上的孩子们一起笑。我忍不住笑意，他们的笑声是有感染力的[82]。

我们也许是这个星球上唯一一个如此庞大的在群体中欢笑的物种，但我们对笑的喜好并不是唯一的。毫不奇怪，我们的近亲黑猩猩也热衷于笑，虽然发声器官不同使得它们的笑声听起来和人类不同，更像是一种喘息声。"这两个物种实际的发声似乎有点不同，因为黑猩猩的笑声迅速而有气息，而我们的笑声则是断断续续的。"传奇黑猩猩研究员罗杰·福茨（Roger Fouts）[83]说，"此外，黑猩猩的笑声[84]发生在吸气和呼气时，而我们的笑声主要发生在呼气的时候。但除这些发声上的微小差异外，在我看来，它们的笑声在大多数方面都和我们一样。"

当然，黑猩猩并不会说单口相声，但它们确实和人类共享着同一种与笑有关的痴迷，普罗文认为这是笑的根源所在：黑猩猩喜欢被挠痒痒。在他的实验室里，普罗文给我看了一段视频，视频里一对名叫乔希（Josh）和莉齐（Lizzie）的小黑猩猩正在与人类管理员玩耍。黑猩猩每次被挠肚子时都会歇斯底里地喘气。"你听到的是黑猩猩的笑声。"普罗文说。这和人类的笑声很接近，我发现自己也跟着笑了起来。

大部分父母会说，挠痒痒[85]是他们和孩子们一起玩的第一个游戏，也是一定会引起笑声的游戏。福茨曾帮着教世界上最著名的黑猩猩瓦肖（Washoe）手语，他说挠痒痒的行为在黑猩猩中很普遍："对黑猩猩来说，挠痒痒似乎非常重要，因为它们终其一生都在玩这个游戏。即使瓦肖到了37岁，她也仍然喜欢被挠痒痒，甚至还被成年家庭成员挠痒痒。"在接受过手语教育的小黑猩猩中，挠痒痒是一个很常见的话题。

像笑声一样，挠痒痒也可以被定义为一种社交活动。就像幽默的不一致理论，挠痒痒也依赖于某种惊讶元素，这就是为什么你不可能把自己弄痒。可预知的触摸不会引起笑声和身体的扭动，只有不可预知的触摸才能产生作用。许多与挠痒痒相关的研究有力地表明，挠痒痒利用了感觉运动系统对自我和他人间差异的意识：如果感觉运动系统命令你的手向你的腹部移动，当你腹部的神经末梢报告被抚摸时，它并不会感到惊讶。但是如果抚摸是由另一个感觉运动系统产生的，那么腹部被挠痒痒会是一个惊讶，挠痒痒造成的愉悦笑声是大脑对这种抚摸的反应方式。在人类和黑猩猩的社会中，挠痒痒通常首先出现在亲子互动中，在亲子关系的建立中发挥重要作用。"挠痒痒和笑之所以如此重要，"福茨说，"是因为它们在维系家庭和社区中的亲密联结方面发挥了作用。"

几年前，普利策奖得主、科学家贾里德·戴蒙德（Jared Diamond）写了一本书，书名是《性趣探秘》（*Why Sex Is Fun*）。书中提到，一些关于笑的研究显示被人挠痒痒好笑有进化上的答案：它鼓励我们和其他人一起玩。小孩子很容易接受挠痒痒这种打闹的游戏，即使你假装挠他们痒痒也会让他们发出笑声（福茨报告说，黑猩猩也有这种现象）。普罗文在自己的书中说，"假装的挠痒痒"可以被认为是"最初的笑话"，是儿童生活中第一种有意识地探索挠痒痒和笑的回路的行为。而我们的喜剧俱乐部和情景喜剧是经过文化加强的童年游戏。我们曾经因父母或兄弟姐妹的触摸而发笑，现在我们因为笑点处的意外转折而发笑。挠痒痒的笑就像吮吸和微笑的本能一样，进化成了一种巩固父母和孩子之间联结的方式，并且延续到了成年人的社会生活中。

鲍林·格林大学教授雅克·潘克赛普（Jaak Panksepp）[86] 是我的一位情绪神经科学领域的导师，他甚至认为，在大脑中有一个专门的"游戏"回路，其重要性不亚于已被广泛研究的恐惧或爱的回路。潘克赛普研究了打闹在巩固幼鼠间社会联系中的作用，他发现玩耍的本能不容易被抑制。那些被剥夺了参与打闹游戏（这是幼鼠的本能，伴随着一种类似于老鼠的笑声的啾啾声）机会的老鼠，一旦有机会，会立即参与到游戏行为中。潘克赛普把这种倾向比作鸟儿的飞行本能。"一旦你的肚子饱了，你没有了生理上的需要，最强烈的积极情绪可能由年轻人之间充满活力的社会交往所激发，"潘克赛普说，"人类笑得最多的时候似乎是在童年早期，孩子们打闹嬉戏，追逐他们喜欢的所有东西。"

玩耍嬉戏是哺乳类动物幼崽们最喜欢的行为，对人类和黑猩猩而言，笑是大脑表达玩耍乐趣的方式。"由于笑似乎是一种仪式化的喘息，你在笑的时候基本上做的就是重复打闹玩耍时的声音。"普罗文说，"这就是我认为的笑的来源。挠痒痒是灵长类动物遗传下来的重要东西，触摸他人和被触摸则是哺乳类动物有别于其他物种的一种重要东西。我的意思是，这就是我们为什么不是蜥蜴。"

关于笑的神经机制，我们不知道的还有很多。我们还不清楚为什么笑的感觉这么好，尽管最近的一项研究发现，笑触发了伏隔核的活动，而伏隔核是与爱的回路有关的区域。潘克赛普进行的研究表明，阻断阿片类药物效果[87] 的药物可以抑制老鼠的游戏本能，这意味着大脑的内啡肽系统（endorphin system）可能与笑的愉悦感有关。一些临床研究表明，笑确实可以通过抑制应激激素、增强分泌型免疫球蛋白（S–IgA）这种免疫系统抗体而让你变得更健康。如果你认为笑是一种基本可以等同于幽默的人类行为形式，笑会让你变得更健康就很难解释。为什么自然选择会让我们的免疫系统[88]对笑话做出反应？普罗文的看法有助于解开这个谜团：我们的身体不是对俏皮话和笑点做出反应，而是对社会联系做出反应。

这种对笑的看法在进化论和弗洛伊德的心理学之间架起了一座迷人的桥梁。在这两种模型中，过去发生的事件给了现在的大脑沉重的负担。在精神分析模型中，童年时的焦虑和记忆痕迹会影响人们成年后的心理。在达尔文模型中，我们祖先居住的环境会对我们产生影响，尽管我们现在生活在城市或郊区，但我们的大脑中充满了为了在非洲大草原中生存下来的策略。在这两种模型中，我们的过去让我们当前的现实复杂化，因为过去的驱力和欲望与现在的并不总是一致的。在达尔文的理论框架下，人类受到物种早期（童年）的影响，而在弗洛伊德的理论框架下，一个人会受到个体童年的影响。

要想理解笑的根源，需要将达尔文和弗洛伊德的模型混合起来。我们笑主要是因为在儿童最脆弱的发展时期，笑是联结父母和孩子的重要情感黏合剂。孩子们和他们的监护人一起欢笑、打闹、挠痒痒，与这些成年人建立了强有力的情感联结，这种联结帮助他们生存下来。但众所周知，自然选择在设计上是保守的：当你建立了一种与孩子大脑联结的机制，伴随而来的冲动在孩子成年后或孩子不在身边时也并不一定需要消失。所以养育孩子的辛苦创造了笑的能力和笑的深度愉悦感，一旦这种能力被建立起来，我们就能将其应用到其他事情上。所以当我们看着卓别林（Chaplin）的电影发笑时，我们要感谢童年，这不是弗洛伊德意义上的个人童年，而是童年本身及其独特的挑战。

笑被进化出来最初是为了巩固社会关系，只是后来才被用到喜剧表演上，这一观点在这个传播渠道日益增多的世界显得尤为重要。不久前，我参加了一个关于通信软件设计的小型研讨会[89]，20多个人被关在一个房间里面对面地讨论各种想法，同时他们也被要求通过计算机在一个专门的电子聊天室里交谈，这个聊天室只限于参加研讨会的人进入。聊天的内容被投影到一个大屏幕上，人们可以通过笔记本电脑输入他们的评论。

结果，这次谈话变成了既要观察别人的发言，又要在网上搜索相关资料，还有研讨会中常见的针锋相对，相当于同时与同一组人进行两场对话。我感觉我们正在提取大量的数据：现实世界的对话作为基础，再配上聊天室内的无声对话。在令人眩晕的同时，也有点令人陶醉。认知科学家早就知道，如果一个人同时用两种语言进行对话，他的注意力的缓冲器会达到极限。这个实验让我好奇，如果同时用语言和文字进行对话，注意力缓冲器的负载能力是否会有所不同。

但这次讨论最有趣的是，这种安排把所有的笑话都从人们的脑海里搜集出来，放进了聊天室。如果有人想到了一个有趣的评论，他们只需把它敲进对话框里。当笑话在屏幕上滚动时，你会看到人们边看边笑，但他们不会大声笑出来。我在研讨会快结束的时候提到了这一点，当时我们正在讨论形式，有人说在虚拟世界里开玩笑会改善问题：笑话是大家都能看到的，但它们并没有打断谈话的进程。这一观察是真的，但前提是你认为笑话的重点是幽默而不是笑。如果笑主要是一种社会联系，那么剥夺房间内的笑声将对整体气氛产生很大的影响。在会议结束时，当主持人要求我们关闭笔记本电脑，对这一天进行反思时，房间里很快回荡着大家的笑声，这完全改变了会议氛围。虽然每分钟讲笑话的次数可能会减少，但整个房间里的气氛显得更融洽、更有凝聚力。这是因为在研讨会最初的安排中，幽默被投射在电子屏幕上，这让我们的大脑被剥夺了由笑声引发的化学物质分泌的奖赏。仅仅靠开玩笑本身是不够的，我们还得笑出声来。

这里的教训有两个：第一，在某些社交场合（尤其是那些涉及虚拟交流的场合），可能会人为地减少一些本可以在面对面交流中出现的笑声；第二，没有笑声的社会互动会改变脑化学分泌，这既会影响你对这次社交的整体印象（即它的情绪色彩），也会影响社交在你脑海中留下的记忆痕迹。在电子邮件中加入笑脸可以补充言语语调的缺乏，有助于传达你想要的笑意，但因为你的收信人是独自阅读邮件，他不太可能大声笑出来，这个被压抑的笑声会产生不同的效果。如果他笑了，记忆会更快乐，也会更牢固。

随着社会联系的脑科学越来越受到重视，人们将越来越多地用这一标准来衡量我们的沟通工具。注意力缺陷障碍常被描述为我们这个多任务时代的典型问题，但当你从神经科学的角度来审视电子通信的沟通方式时，你很难不认为自闭症可能是数字化社会的一种"后效"［文化评论家哈维·布卢姆（Harvey Blume）[90]在十年前提出了这一观点］。当我们通过没有面部表情、手势和笑声的沟通方式与其他人交流时，我们其实是在不知不觉中模拟了"心理盲人"空白的情绪雷达。

但我怀疑，对大多数人来说，当我们理解并认识到触发这些强烈感觉的化学物质时，我们对个人社会联系的神经科学会有更深入的了解。这不仅仅是因为知道你的依恋感有一部分是由催产素引起的，也因为化学效益的影响超过了情绪本身——它改变了你的记忆、你实时的注意以及你对他人和环境的评价。你可以把这些看作药物的副作用，尽管这并不意味着这些副作用是由于大脑设计不当造成的（我们将在下一章讨论大脑化学物质的副作用）。当你开始探索这些加诸心智的外在影响时，你不仅记住了药物的名称，你也在学习识别它的症状。很有可能，你在对脑科学一无所知的时候就发现了这些症状，但是那时你可能把一些微妙的症状归结于其他原因，或者认为它们很难解释。

这是"9·11"事件中我们这个小家庭的故事。大约在我儿子出生的一年后，我和卡特[91]谈论起她对催产素的调查，我告诉她，我妻子在混乱中保持着一种奇怪的平静。这立刻引起了她的共鸣，她说："我对母乳喂养这种保护机制非常感兴趣，因为我也有哺乳的经验。"事实上，卡特已经完成了许多关于这个主题的研究，研究结果也恰好解释了在那疯狂的一天，我妻子身上发生了什么。

她解释说："我们比较了压力对哺乳期和非哺乳期女性的影响。我们知道哺乳期女性的体内有更多的催产素，我们发现她们能更好地应对压力。"自从卡特的研究首次发表以来，更多的研究也有力地证明，催产素是科学家们所说的人体下丘脑—垂体—肾上腺（HPA）系统的"下调剂"。当你得知升职没有成功，或者CNN报道另一架飞机失踪时，HPA系统会让你产生无望、内脏紧缩的感觉。受催产素影响的人不会有像其他人那样明显的应激反应，坏消息对他们而言就像耳旁风一样。

这就是你的哺育本能。你可以通过摧毁敌人来摆脱压力，也可以通过向爱人求援来减轻压力。就大脑化学物质而言，有两种策略可用：你可以增加肾上腺素，"战斗或逃跑"；也可以用催产素平静下来，"哺育和交友"。我不自觉地选择了第一种策略，而我妻子选择了第二种策略。就大脑化学物质而言，我们用不同的选择解决了同样的问题。

过于简化一件事是有风险的，特别是在这个领域。在我离开她的办公室之前，谢利·泰勒提醒我说："很多人说'催产素是一种可爱的激素'，或者说'催产素是一种爱的激素'，但催产素其实远比这更复杂，而且它与心智状态没有一一对应的关系，硬要把这些分子映射到特定的状态是有风险的。"

"例如，"她的身体在椅子上向前倾了一下，以示强调，"当那些与丈夫生活在一起的老年妇女发现丈夫不关心自己时，她们的催产素会长期维持在较高水平。这就无法确定这之间的因果关系，但我的初步假设是：当社会支持的需求得不到满足时，催产素水平上升会促使当事人寻求社会接触。一旦当事人找到社会接触，催产素可能就会恢复到正常水平。因此，催产素可能不是让你'感觉良好'的激素，而是让你'感觉糟糕'的激素[92]，引导你采取措施使自己感觉更好。"

显然，爱是很多大脑化学物质的混合，而不是只有催产素。一些科学家认为催产素与人体自然产生的阿片类物质[93]协同作用，催产素激发了社会接触的驱力，而阿片类物质让你在爱人的陪伴下产生一种"温暖"的感觉。潘克赛普认为，催产素对身体产生"自然快感"的一个影响是降低耐受性，耐受性在药物成瘾中起到可怕的作用。就像瘾君子对海洛因产生耐受性后，他们只有服用更大剂量的海洛因才能达到同等程度的兴奋，大脑对人体自然产生的阿片类物质也会产生同样的耐受性。但是在动物实验中，注射催产素会大大降低对阿片类物质的耐受性。换句话说，催产素可能不会产生爱和依恋的内在快感，但它确实能使这种快感维持得比正常情况下更久。

因此，"为爱上瘾"[94]这句话也许不仅仅是诗歌。想想看，在母亲听到婴儿的哭声、情人们看到伴侣的照片、瘾君子吸食可卡因时，对他们的大脑进行扫描会发现他们之间具有很高的相似性。在这三种情况下，外部的现实体验完全不同，但是内部的化学反应却惊人相似。海洛因和可卡因这样的毒品会对人造成伤害，是因为它们会直接作用于调节爱的联结的大脑化学物质。当人们对毒品上瘾时，他们的亲友最常见的反应是对瘾君子能够背弃家庭和友谊感到困惑。由于没有亲身体验过上瘾的巨大力量，我们中的许多人都觉得用卖掉孩子的钱来换取毒品是一件骇人听闻的事情，但毒品含有一种能让他们感受到孩子的爱的物质。我们完全理解，为什么有人会为了孩子牺牲自己的生命，但从神经化学的角度来说，这和瘾君子为了毒品牺牲孩子的性质相同，尽管瘾君子的行为毫无人性可言。然而，从神经化学角度来说，这些牺牲都被放在同一个祭坛上[95]。

　　了解爱的化学物质让我们走近瘾君子们可怕的世界观，但这样做并不能使毒品成瘾者看起来更有人性（当然，这会使他们看起来不那么像罪犯）。但对我来说，爱的化学物质使我们对新生儿产生的联结最慢消失。在儿子出生后的几个月，"9·11"事件的硝烟渐渐散去，我和妻子常常在想"儿子像我们爱他一样爱我们"是否公平（尽管他给我们带来了许多个无眠之夜以及无尽的换尿布）。可以看出，我们的存在，特别是我妻子的存在，明显对他有积极的影响：几秒钟内就能让他从号啕大哭变为心满意足的咕嘟状。他对我们笑的次数比对任何人都多，几个月过去了，他偶尔会表现出害怕陌生人。确实，他对我们有依恋之情，但似乎把它看作爱有些牵强。我认为这也许是一种新生儿的情绪，与我们成人的爱的感觉不同，就像它与悲伤或痛苦不同一样。

　　我的第二个儿子是在这本书快写完时出生的，在过去的两年里，我对爱的神经化学理论有了足够的了解，能对我和妻子遇到的问题做出合理的解释。我不再把早期依恋视为一种不同的新生情绪，把它与成人的感觉分开。成年人爱的经验或特性，是情绪流过身体时，脑海中闪现的万千记忆塑造的：过去爱情的记忆，浪漫诗歌的记忆，奥黛丽·赫本（Audrey Hepburn）电影的记忆，以及最重要的，激发你感情的人的记忆。新生儿还没能有足够的时间来收集他们所有的记忆，他们也没有足够发达的系统来记录或回放那些复杂的记忆。虽然成人的爱也是一种化学感觉，会对我们的记忆系统产生影响，但它拥有自己的生命。我们不知道爱的确切成分是什么，毫无疑问，这些成分的比例因人而异。但催产素和内啡肽显然对爱的感觉至关重要，它们唤起了那种温暖和满足感，一种安之若素的感觉。那种感觉虽然不是爱的全部，但它是一条主线。

我认为，这是我们与孩子共享的一种化学反应，即使刚出生没几天的孩子[96]也拥有这种化学反应。当我的小儿子看到他的母亲走进房间时，立刻由哭闹变为咯咯笑，这种改变是因为他看到母亲的脸后，脑中释放出大量的化学物质，而当母亲回头看孩子时，同样的化学物质[97]也从母亲的大脑中涌出。婴儿无法用语言来表达这种感觉，对他们来说，这种感觉并不会像成年人一样伴随着由依恋所唤起的丰富多彩的回忆，但这种感觉中的重要部分[98]已经映在了两个人的大脑中。我们每个人都有独特的感受爱的方式，但有时共享的经历更令人感动。虽然父母和他们的新生儿还没有共同的语言，也几乎没有共同的过去可以回忆，但是他们仍然能够分享，因为爱的化学反应是人类与生俱来的机制。在你生命最初的某个时刻，大脑开始向你发送信号说："和这个人在一起是安全的，你要和她保持亲密。"几十年后，你仍然接收着同样的信息。

CHAPTER 5 第五章

The Hormones Talking
激素在说话

在某种程度上，我们所有的经验都受化学条件制约。如果我们认为，其中的一些经验是纯粹精神上的，纯粹智力上的，纯粹美学上的，那仅仅是因为，我们从来没有费心去探究它们发生时的内部化学环境罢了。

——奥尔德斯·赫胥黎（Aldous Huxley）

现代神经化学所揭示的事实中，没有一个像大脑中存在自然分泌快感的药物那样广为流传。脑研究人员早就怀疑止痛药是从罂粟中提取的——海洛因、吗啡、可卡因，它们都作用于大脑中的某个特定部位。但直到 20 世纪 70 年代初，一些研究人员[99]才发现了受体：突触上具有阿片类物质的受体，这一发现为之后的发明奠定了基础。尽管至少自农业文明开始，人类就已经种植罂粟并提取毒品，但罂粟这种植物仅生长在全球几个零星的位置，因此我们的大脑似乎不太可能拥有一种针对于罂粟中发现的化学物质的受体，这一受体的存在表明大脑自己会产生内源性的阿片类物质。果然，几年之内，科学家们就发现了其中的两种：脑啡肽（enkephalins）和内啡肽——意思分别是"在大脑中"和"体内"的吗啡。报纸、杂志和电台访谈节目充斥着大脑"自然快感"[100]带来的兴奋。25 年前，人们对健身和慢跑的兴趣开始激增，一部分原因是人们发现，这些强有力的化学物质是在运动中释放出来的。人们并不只是因为自己的长远利益而保持身材，人们锻炼身体是因为这让他们感觉良好，而他们的大脑记住了这种感觉。

内源性阿片类物质并不是唯一的[101]，现在已经发现了大麻、尼古丁和地下迷幻剂二甲基色胺（DMT）中活性成分的受体。巧克力中甚至也含有一种天然的化学物质苯乙胺（PEA），它可能会激活一些吸食大麻时产生快感的受体。

可笑的是，大脑中这些受体的存在与禁毒宣传的观点针锋相对。你可能读到过或者听到过这样一个经典的观点：在劝别人服用毒品的人看来，大脑中含有迷幻剂的受体这一事实表明，毒品有更高层次的目的，某种程度上，使毒品的存在变得更具有先兆性和启示性。但这种论点其实是循环论证：这些毒品都有靶向受体，这就是为什么它们是毒品。由于可以在大脑中找出受体锁，它们可以"激活心理"（psychoactive）。地球上有数百万种植物并不含有效仿大脑分泌内源性化学物质的分子。事实上，只有极少数植物进化出了和人类大脑中的化学物质相重叠的化学结构，因此这些植物被发现者广泛种植。这可以用日常的统计数据来解释：只要有足够多的植物，以及足够多的人食用了这些植物，而某些植物中含有这种化学物质。如果有人食用了这些植物，并且享受这种体验，他们就会通过培育和种植农作物的方式来传播这些植物的基因。

同理，内源性药物的概念也使"毒品战争"这一简单说辞复杂化。里根总统时代的一句传奇性的话——"是你的大脑在吸毒"（This is your brain on drug）其实误导了我们。（译者注：尽管化学物质结构一致，但大脑内部自行分泌的令人产生快感的化学物质通常被称为"内源性药物"，某种程度上可以理解为内源性毒品；而从植物中提取的外源性物质通常被称为"毒品"）。事实上，你的大脑里充满毒品，换句话说，没有这些毒品它就什么都不是（It would be nothing without drugs）。当然，内源性和外源性，天然和人工是有区别的，但最基本的事实是，人工毒品之所以起作用是因为你的大脑把它们误认为是天然的。现在，当你读到这些语句的时候，你受到了化学物质的影响，从分子的角度来说，它们几乎和在公共场所公开吸食会让你被捕的那些毒品没有区别。

我并不支持毒品合法化。我们的大脑对内源性药物的释放及再摄取的调节，远比对外源性药物要来得更有效。事实上，毒品达到其效力的方法之一，是使大脑无法正常工作。没有人因自己的大脑过量分泌内啡肽而死亡，但每年都有数千人死于过量吸食海洛因。经常滥用毒品会造成神经损伤，对长期吸食毒品者的脑部扫描已经充分证实了这一点。一项研究扫描了酗酒者、暴饮暴食者和可卡因成瘾者大脑中的多巴胺受体。在扫描健康大脑时，富含多巴胺的区域显示为两个对称的亮红色区域，斑点边缘逐渐变绿（红色表示最活跃的区域）。在酗酒者和暴饮暴食者的大脑中，这些红色区域比正常人的小很多，这意味着他们接受的大脑天然供应的多巴胺剂量减少。而在可卡因成瘾者的大脑中，根本找不到红色区域。

长期吸毒所造成的危害是巨大的，因此我们反对人们滥用可卡因和安非他命等毒品。如果你在自己最快乐的时刻拍下你大脑的功能性磁共振成像，这些图像看起来可能会与人们第一次服用海洛因或可卡因时的大脑扫描非常相似。

大多数毒品的效力主要取决于数量，而不是质量：你的大脑没有一个可以像摄入毒品一样，让你的突触充满大量分子的内部传递机制，这是有充分理由的。

在少数独特的情况下，我们已经接受了这样一个结论，即我们的行为是受到内部分泌的化学物质影响的，就像你有时听到的对经期或孕期女性性别歧视的言论："那只是激素在起作用。"这是一个既让人困惑又给人启发的说法。女性的情绪和感知确实会因为月经和怀孕期间释放的化学物质而发生改变，但是如果将这些感觉视为"只是激素在起作用"，就会产生两种误导性的观念。第一，它暗示了激素分泌会诱发与一个女人"正常"（或"真实"）的人格相对立的人格。然而，正如我们看到的那样，如果没有激素（以及其他大脑化学物质，如神经递质），我们根本不会有人格。当你的大脑没有明显地受到雌激素或催产素的影响时，它仍然会受到多巴胺、5-羟色胺和其他所有物质的影响。在任何时候，你的背景情绪和前景情绪都是衡量你头脑中盘旋的各种化学物质的指标。在某种程度上，激素总是在起作用。

这引出了性别歧视言论的第二个错误观点，即女性有一个易受激素控制的大脑和男性有一个清醒的、不受激素的非理性影响的大脑。其实像雌激素能改变女性的行为一样，睾酮也能显著地改变男性的判断和行为，但即使有时你听到人们说某人"睾酮过高"，你也很少听到有人把男性首席执行官咄咄逼人的行为贬低为"只是激素在起作用"。这种歧视的根源可能在于，女性神经化学成分的变化表现出比男性更规律的周期。这种规律性创造了一种随着时间的推移变得可观测到的模式：每个月的某些日子，你的情绪会发生变化。因此，在那些日子里，你会认为自己被"激素"掌控了，而其余的时间没有。

神经科学通俗化的目标不应该是完全抛弃激素影响的概念，而是应该更准确地理解它。问题不应该是："是激素在起作用吗？"而应该是："哪些激素在起作用，它们起了哪些作用？"

回答这些问题的第一步是学会识别[102]大脑中特定化学物质的释放。你可能已经知道一些这样的例子了，比如突然受到惊吓后肾上腺素会激增，当选班长后，5-羟色胺的分泌提升了你的社交自信。你越关注这些化学物质的释放，就越容易发现它们的存在。用音乐欣赏方面的行话来讲就是:"你培养了一只能够欣赏音乐的耳朵。"

事实上,音乐类比是很有用的。许多听流行音乐的人不能像区分出人声、鼓声或独奏吉他声那样,轻易地区分出低音提琴的声音,低音提琴声只是融入了整体。但当我们使用均衡器将低音提琴声移除时,听众立刻能够发觉少了些什么。听众在某种程度上感觉得到它,但是听不出低音提琴本身的音色,这就是训练可以产生作用的地方了。当你听过独奏的低音提琴的部分,然后再听完整的合奏时,低音提琴的音色就变得清晰了。令人惊奇的是,一旦你培养出了一对能辨别出低音提琴的耳朵,你就再也无法不听到它了。

大脑的化学物质就像低音提琴声,一旦你学会了识别某种特定的化学物质,它就会开始向你袭来。这些知识肯定会让你觉得自己是一个更具辨别力的大脑使用者,但这里也隐藏着一些脑图谱的谬论。知道"皮质醇"和"催产素"的名字会对你的人生产生任何本质性的改变吗?知道这些会比知道大脑的渴望中枢的位置更有帮助吗?

如果理解大脑的化学物质只是记住术语那么简单,那和鸡尾酒会上的玩笑也没什么区别。更重要的是,了解大脑内部的化学物质,会让你认识到激素微妙的特性及其对你产生的副作用。虽然你不可能单凭了解这些就消除副作用的影响,但你可以把它们放在特定的环境中,并预测它们会如何改变你的判断。

试着考虑以下两种情况。想象一下,你故意吃了一些会让人产生幻觉的蘑菇。大约一小时后,你开始有一种越来越混乱的感觉:颜色和声音交织在一起,你突然感到顿悟和突如其来的恐惧。你闭上眼睛,各种东西会在你的眼前飞舞。你甚至会产生幻觉,各种生物都以各种难以置信的方式与你互动。

现在想象一下，你"无意"中吃了这种蘑菇，突然间你的世界无缘无故地发生了变化，幻觉和剧烈的情绪波动突然降临到你的大脑中。

在这两种情况下，你的大脑被同样的药物所改变，但这两种体验很可能会有天壤之别。第一种情况，可能会让你感到兴奋（当然它也可能会被分解成可怕的感觉）。然而，第二种情况，几乎可以肯定的是，它会让你感觉非常不快，甚至以为自己疯了。

这两种情况的区别很简单：药物没有变化，但你对药物及其影响的认识会改变。知道蘑菇能把地毯变成蛇窟，使你能够更容易去欣赏蛇，因为你知道它们其实是幻觉。你不能强迫你的大脑停止这种幻觉，但是你可以安慰自己，幻觉是你服用的药物造成的正常效果。而这种安慰无疑会极大地改变你的行为：你会坐在沙发上咯咯地笑，而不是一边尖叫着"蛇！蛇！"，一边跑出你的房子，或者去精神病院挂号。了解一种药物的全部作用会改变你服用它的体验。

内源性药物也是如此。了解催产素的压力管理效果，有助于我和妻子理解她在"9·11"那天早上奇怪的冷漠状态。当我进一步了解杏仁核能够触发肾上腺素激增的能力时，我发现每当公寓窗外狂风呼啸时，我能更轻松地应对条件性恐惧反应。当我感觉到焦虑在我体内涌起时，我想这只是激素在起作用。这种感觉不会完全消失，但它的影响不会那么令人崩溃。

了解我们身体天然存在的化学物质的分泌所产生的一系列影响，用彼得·克莱默（Peter Kramer）的名言来说就是："倾听"它们，可以让你关注到一些新的心理范畴。克莱默在《神奇百忧解》一书中描述了这样一个心智类别：拒绝敏感性（rejection sensitivity）[103]。没有人喜欢被拒绝，但是患有严重拒绝敏感症的人会对令人失望的消息或他人的轻慢对待有异常强烈的反应，有时他们会特意避免可能被拒绝的情况，他们拒绝承担风险，尽管那些风险可能会让他们的生活变得更好。心理学临床诊断手册中对这种情况并无分类，直到一个新的药物上市，才会让人们注意到这种情况。

研究证实，5-羟色胺在调节拒绝敏感性方面起着关键作用。由于百忧解增加了大脑中可用的5-羟色胺的含量，那些患有拒绝敏感症的人发现，他们的弱点在药物的影响下消失了。他们并未感到欣喜若狂，或是盲目冒险，他们没有失去自己的洞察力，他们只是更容易走出失望的心情。他们不会再沉浸在坏消息中，这让他们感到更自信、更倾向于在适当的时候去冒被拒绝的风险。

我怀疑对于许多读过《神奇百忧解》的人或服用过百忧解的人来说，拒绝敏感性的概念是他们默默地体验过，但从未真正探究过的一种属性。你通常是快乐、有动力、积极参与世事的，但有一件事让你感到困扰，那就是当某事稍有差错时，你就会过于脆弱，特别是在社交场合。你没有抑郁症、狂躁症或强迫症，但是你很容易为那些本不应该让你那么沮丧的事情而沮丧。因为这种脆弱没有名字，我们中的大多数人并没有考虑那么多，至少不像我们考虑其他心理学上的通俗分类：外向型和内向型，右脑型和左脑型，躁郁型和精神分裂型。阐明拒绝敏感性的，是我们新发现的针对5-羟色胺再摄取通道的靶向能力，这种能力使我们以前所未有的精度控制5-羟色胺水平。当药物使人们大脑的突触通道中的5-羟色胺利用率更高时，虽然事情基本没发生变化，但人们对拒绝的敏感性降低了。这种变化使我们更容易发现这种特殊的心智倾向，就像你已经培养出了一双能听出低音提琴的耳朵，你甚至不必再刻意去听，它自然而然地就会出现在你耳中。

识别大脑情绪系统的外周效应并不总是要靠药物，大脑中主要的神经递质本身承担了许多重要的功能[104]，而我们感受到的情绪则是我们身体中几十种生理和化学变化的总和。描述情绪的语言中总是充满了对身体的引用：我们毛骨悚然，我们心跳加快。这些不仅仅是比喻，在情绪状态下释放的化学物质会引发特定的身体状况，所以威廉·詹姆斯（William James）提出了一个著名的论点：情绪只不过是身体变化的总和。你本来没有感到恐惧，但是你感觉自己的心跳加快，在詹姆斯看来，恐惧就是你的心跳加快。

尽管化学物质不能像灵丹妙药[105]一样立刻改变你的状态，但它们仍然会产生可靠的外周效应，学会识别这些效应可以使你更容易掌控自己的大脑。几年前，安东尼奥·达马西奥带领一组研究人员进行了一项研究，他们在被试回忆过去强烈的情感体验时，对被试的大脑进行正电子发射计算机断层显像（PET）扫描[106]。被试需要尽可能生动地再现快乐、悲伤、恐惧或愤怒的事件。当被试感觉到情感再次吞噬他们时，他们向研究人员发出信号，让达马西奥和他的团队开始扫描他们的大脑，试图找到大脑中负责创造这些情绪的区域——换句话说，哪个区域报告了由情绪引起的生理状态的变化。事实上，他们确实发现了与各种情绪密切相关的区域，并且每一种情绪都形成了一个精确的、可以与其他情绪区分开的神经地图。

此外，研究人员偶然发现了一个并非实验核心的观察结果：悲伤的特征是前额叶皮层的活动减少，而快乐则引发了这种活动的增加。前额叶皮层的活动与创造和思维有关。当你独立思考时，当你满脑子都是想法时，你的前额叶会非常活跃。达马西奥发现，快乐会提高前额叶的激活程度，而悲伤会抑制它们。换句话说，大脑制造悲伤情绪的一种副作用是减少了心智产生的想法的总量。

当我第一次看到达马西奥的研究时，这一发现立即让我感到释然。我回想起多年来，我一直由于某种原因感到忧郁，当我沉浸在这种情绪中时，我很难产生一个有用的想法。此时，我的悲伤很快会变成一种悲观的自我怀疑，我认为自己不仅忧郁，还变得愚蠢了！悲伤已经够难过了，现在我还得面对头脑变迟钝的问题。这和我感冒时的情况不同，虽然生病也会让我感觉思维迟钝，但我不会觉得自己变得愚蠢了，因为我一直认为，我的大脑在忙着组织力量抵御入侵的病毒，没有时间产生有用的想法。我认为生病本来就会让人思维迟钝，所以我会蜷缩在电视机前看《命运的车轮》（*Wheel of Fortune*）来挨过这个困难的时期。

达马西奥的研究帮助我认识到，思维迟缓是悲伤时化学反应产生的副作用，会随着情绪状态的变化而消失。一旦我的忧郁情绪过去，我的前额叶皮层又开始重新活跃起来时，我就会回到正常的思维模式。自从了解到这一点，再体验悲伤带来的思维迟钝时，我不再陷入自我怀疑的恶性循环，我不再怀疑自己是否失去了曾经拥有的敏捷思维，只是等待它过去。虽然这个结论没有经过实证研究，但我觉得我悲伤情绪持续的时间变得越来越短，因为我不再陷入自我怀疑的恶性循环。

对我们大脑化学物质的日渐了解带来的最重要的见解，或许是研究人员所说的"情绪一致性"（mood congruity）[107]。因为大脑是一个联结的网络，我们的记忆不仅记录了事件的具体细节，同时也记录了我们对事件的感觉；当大脑受到某种情绪的影响时，它会习惯性地联系起过去引发了同样情绪反应的事件。当你承受压力时，你的大脑更容易回忆起过去发生的压力事件，而不是快乐事件。当你被某事吓到时，你的大脑更可能想到其他让你感到害怕的事情，而不是感到安全的事情。这是情绪一致性的本质：你的记忆系统倾向于回忆起与你当前的情绪一致的过去事件。

大脑不会扮演情绪魔鬼的代言人。当你感到愉快时，你的记忆系统不会提醒你还没报税，也不会提醒你要小心别被解雇。如果你感到快乐，你更可能会想到的是即将到来的假期，或者上周你在股票交易中赚了多少钱。大脑不会进行制衡。如果杯子看起来是半满的，大脑会往杯子里倒更多的水来夸大效果。

这种情绪自我启动的效应解释了为什么快乐如此有趣，而抑郁如此具有破坏力。快乐的记忆是不会突然出现在抑郁症患者的脑海里的，他们需要不断被提醒，自己的生活中还有很多美好的东西。

几年前，巴黎萨尔佩替耶医院（Salpêtrière Hospital）的医生试验了一种针对帕金森病患者的革命性的新疗法[108]，他们在患者的脑干植入电极。因为脑干在运动控制中起着重要作用，而大多数帕金森病患者的运动能力会下降，同时伴有肢体震颤和颤抖，通过刺激脑干的某些区域会显著减轻这些症状。

然而，有一个病人意外地被医生刺激了负责悲伤的区域。在接收到电流的几秒钟内，病人瘫倒在椅子上，脸上露出忧郁的表情。很快，她的眼睛里充满了泪水，并对医生说起了陀思妥耶夫斯基（Dostoyevsky）的《地下室手记》（*Notes from the Underground*）："我活够了，我受够了……一切都是无用的。"当医生关掉电源时，她的绝望几乎立刻消失了，她微笑起来，并对她的世界为何变得如此黯淡而感到困惑。

这个事件让我们看到了情感自我启动的能量。这位帕金森病人在没有任何外在原因的情况下陷入低落的情绪。诱发悲伤情绪的并不是体验了悲伤的事情，也不是想到了悲伤的回忆。那只是一种电刺激，激活了生理上负责悲伤的大脑区域，生理的改变足以使她的大脑充满悲伤的画面。她大脑内充满了她的身体在真正悲伤刺激下表现出的反应的记忆：肩膀下垂，泪流满面。因此，当电极激活了同样的身体姿势时，那些记忆必然会充斥她的世界，在几秒钟内，她甚至失去了生存的意愿。

我们比自己想象中更接近那个帕金森病患者。我们听到一个好消息时，似乎感觉所有好事情都在排队等着我们；我们在参加一个好朋友的葬礼后，感觉死亡和疾病无处不在。这些现象都是常见的错觉，是由大脑的联想能力构想出来的。我们的情绪并不会平衡地、有代表性地在记忆里取样，它会寻找与我们当前的情绪状态相匹配的记忆，从而影响我们对世界的看法。你的记忆系统就像一个投人所好的上校，他把所有的坏消息都压下来，只告诉指挥官想要听到的好消息。同样地，如果你知道情绪自我启动的循环正在进行，你可以绕过它，积极寻找能够与它相对抗的信息，或者只是简单地对当前的整体世界观持保留态度。生活真的不像你现在感觉的那么糟，那只是激素在起作用。

情绪不仅让某些记忆比其他记忆更重要，还会影响编码的细节。几年前，哈佛大学心理学家凯文·奥克斯纳（Kevin Ochsner）[109] 进行了一项研究，在这项研究中，大学生被要求看了一系列图片，其中一些是积极的（微笑的孩子），一些是消极的（一张毁容的脸），还有一些是中性的。如你所料，几天后当测试学生对这些图片进行回忆时，那些引发强烈情绪反应的图片会更容易被回忆起来。对积极图片和消极图片的记忆没有差异，而中性图片基本上已从记忆中消失。研究显示，大脑的情绪标记发挥了作用。

但奥克斯纳探究被试具体记住了什么细节时，发现了一个有趣的区别。对于积极的图片，学生们记住的是这一场景的总体印象，以及由此引发的愉快的情绪反应。但在回忆消极的图片时，他们记住的是图片的细节。对于令人愉悦的图片，他们记住了整体的快乐场景；但对于令人不安的图片，他们就像是法医病理学家在检查犯罪现场一样，记住的都是细节。这两种类型的图像都被编码到记忆中，但根据记忆是积极还是消极的，编码过程本身似乎依据不同的规则运行。我们在对杏仁核的讨论中提到的"闪光灯记忆"现象，是对该现象的另一种理解方法。当我们经历着一些令人不安的事情时，我们的大脑会尽可能多地收集细节，以防其中的某个细节会与未来发生的威胁有关。

这可能是负面记忆比正面记忆更容易困扰我们的原因之一。大脑是一个联结网络，而记忆是由神经元集群同步放电形成的。有时，重叠的神经元群与原始的神经元群一起被激活——这就是你的大脑在表达两个相关记忆之间的联系：一首帕蒂·史密斯（Patti Smith）的老歌让你想起你第一次听到它时所处的大学宿舍；晴朗的秋日、湛蓝的天空让你想起飞机撞上摩天大楼的情景。如果负面记忆是由多个细节构成的，每个细节都有自己的共振回路，那么在某种意义上，这就相当于大脑中有更多的线索将你拉回到最初让你感到不安的事情上，更何况糟糕的记忆本身就会让你记住更多的细节。

这些情绪副作用应该得到更广泛的研究。众所周知，让人成瘾的物质对我们的记忆系统存在影响。麦角酸二乙基酰胺（LSD）会造成记忆重现，甚至让你回忆起几个月前旅行的具体细节，有时记忆的清晰度很是惊人；大麻会阻碍短时记忆；咖啡因会提高我们的记忆力（至少在第一杯时是这样）。尽管只有小部分人在使用大麻或麦角酸二乙酰胺，但这些效果得到了广泛认可。然而，其实我们都会使用让我们的大脑产生积极或消极的情绪反应的药物：我们都会感到恐惧、自责及愉悦。我们大脑中的这些神经化学反应具有可预见的效果：它们能使记忆更加深刻，使我们想起类似的记忆，记录更多的细节。今天你可能经历了好几次情绪一致性（编者注：即我们经历的事件与产生的情绪都是正性或负性的）的影响，但你从来没经历过过去发生的事情突然出现在脑海中的情况。到底哪一个效应才是大家都经历过的呢？

我们的大脑不仅仅强调积极和消极的记忆，它还会记住新奇的、出乎我们意料的事件。在许多方面，智力实际上是衡量我们预测能力的一种标准，不管这种能力是通过 DNA 编码进我们的大脑，还是通过生活经历编码进我们的大脑。当一个物体突然出现在我们头顶上时，退缩是明智的，因为一个物体突然从天而降通常预示着危险要向我们扑来。当感觉路面结冰时，轻轻地点踩刹车是明智的，因为结冰的路面通常预示着正常的踩刹车方式会使你陷入危险的滑行状态。智力就是能看到原因并预测到结果，所以新奇的、出乎意料的事在我们的大脑中占有如此重要的位置是有道理的。这就好像我们的大脑包含了这样一个基本原则：如果你期待 X 而得到了 Y，就要引起注意了！

从我记事起，我一直有一种奇怪的习惯，我会对朋友、老师或同事在餐桌上、在研讨室里顺嘴提出的某些论点形成强烈的记忆。有人会随口为卡斯特罗（Castro）的经济政策做辩护，或者支持让 – 吕克·戈达尔（Jean–Luc Godard）的电影或麦当娜（Madonna）的最新唱片。不知道为什么，他们的言论会刻在我的脑海里，我发现自己在几个月甚至几年后还在脑海中寻找反驳的观点，或者用新的论据来补充他们的观点。很长时间以来，我对自己记忆的选择标准感到困惑：为什么我会把这句话记得如此生动，却忘记了其他成千上万句话？

直到我开始阅读有关大脑的注意力和记忆系统是如何设计来记录新异和惊奇的事物时，我才理解了自己的行为。所有这些困在我长期记忆中的言论，都有一个共同点：它们都以某种方式让我感到吃惊。你在听自由主义的朋友像往常一样滔滔不绝地谈论着安·兰德（Ayn Rand）的才华，然后突然宣布他支持累进税，他前后矛盾的言论让你的大脑感到惊奇。或者你认为自己已经完全掌握了进化论的基本理论，然后有人偶然地提到了你从未听说过的达尔文主义某个子领域的内容，比如拱肩或囚徒困境，你的大脑会突然"竖起耳朵"仔细聆听："嘿，那是什么，为什么我不知道？"

法语里有一句话极好地刻画了这种机制："L'esprit d'escalier"，它的字面意思是"楼梯上的智慧"。《牛津引文词典》（*Oxford Dictionary of Quotations*）里是这么定义它的："一个不可翻译的短语，它的意思是，一个人只有在下楼梯的时候，才会想起刚才在客厅里应该做出的巧妙辩驳。"在客厅里，我们没有想到如何反驳，因为对方尖锐的话语让我们感到吃惊，杀了我们一个措手不及。对于可预测的情境，我们准备了很多很好的反驳；但对于突如其来的辩驳，我们常会感到困扰，甚至在下楼梯时还在考虑如何反驳，因为我们刚刚由于反应不够敏捷遭受了对方的轻视。我们一直在脑海里回想这些事，是因为我们的记忆被设计成专注于那些令我们惊奇的事情上。

研究人员现在相信，我们的大脑中有一个完整的神经化学系统专门追求和识别新的体验和让你感到惊讶的体验，特别是与奖赏有关的体验。这个系统在很大程度上受到多巴胺的调节[110]，由于多巴胺在包括可卡因在内的几种毒品成瘾中起着核心作用，所以多巴胺通常被描述为一种大脑的"快感"药物[111]。但这种简略的描述是有误导性的。第一，和其他主要神经递质一样，多巴胺在整个大脑中被广泛使用，甚至许多时候与快感或奖赏无关（帕金森病患者的运动障碍似乎与大脑运动区域多巴胺的供应减少有关）。将多巴胺形容为一种快感药物，还有另一个问题：阿片类物质是纯粹的快感药物，不管它是自然还是非自然产生的，当你的大脑充斥着这种药物时，你都会感觉很好。这就是为什么生活中一些重要的行为，如性高潮、社会联系都会激发大脑中阿片类物质的释放。但多巴胺与其说是一种快感药物，不如说是核算快乐的会计师[112]。它会预测大脑将收到的报酬，如果报酬超过或低于预期水平，它就会发出警报。这与股票分析师在看季度盈利报表时所做的没有什么不同：如果公司表现达到了预期，就没有消息；但如果公司出现意外亏损或意外盈利，那就有话要说了。当你期待的奖赏是看到心爱的人的脸，或者获得一个新客户时，如果奖赏如期而至，你体内的多巴胺水平会保持稳定。如果你没有得到预期的奖励，多巴胺的分泌就会相应下降。如果奖励结果比预期的更好，比如爱人带着一束鲜花出现，客户带来的生意是他原先计划的两倍，那么你的大脑就会释放出额外的多巴胺来传递好消息。电影、小说、童话就是利用这点为观众营造新奇感：我们喜欢故事中的转折，因为我们的大脑对惊奇有着生理上的兴趣。

较低的多巴胺水平有助于激活潘克赛普所说的大脑"寻找"回路（"seeking" circuitry）[113]，迫使我们在所处环境中寻找获得奖赏的新途径。如果你期待一顿三道菜的大餐，却只得到一个椒盐卷饼，你下降的多巴胺水平会立即让你去冰箱里找吃的。长期性的低多巴胺水平，会诱发毒品成瘾或强烈的饥饿感——正如我们在上一章中看到的，它也可能在社交成瘾（social addiction）中起作用。在所有这些情况下，最关键的是多巴胺系统对外部现实和内心期望的落差，多巴胺系统坚定不移地追求着新异和惊奇的事情。

成瘾研究人员现在认为，一些人特别容易受到破坏性习惯的影响，其中一个原因是他们预期奖励的阈值很容易被经验改变。每天都会有新的可能性，有时奖励较少，有时奖励很多。随着奖励的到来，你的多巴胺系统会评估它们与预测的水平有多接近。如果你的预测相对稳定，你就不太可能因为偶尔出现的偏离而失落一整天；但是如果你的预测不稳定，你就很容易受到近期事件的影响，事情就会变得很难处理。假设有一天，在 1 分到 10 分的量表中你的预测值是 5 分，而那天你恰巧中了彩票，你开心到 10 分。如果第二天早上醒来，你还期待着 10 分，多巴胺分泌就会减少，因为奖励没有达到你的预期。但是如果你有一个更稳定的系统，第二天醒来，你期待的是 5 分，你的多巴胺水平就不会下降。

这就是为什么有些人试着吸食了可卡因，觉得很享受，却不再吸食它；而有些人却继续吸食，尽管事实上可卡因早已不能再给他们带去快乐。可卡因与许多不同的神经递质相互作用，但研究人员认为，它的成瘾性与多巴胺回路有关。它在你的大脑中保持活跃的那段时间里（通常是一个小时左右），会向你的奖赏—监控系统传递 10 分的感觉。如果你的大脑立即重置你的阈值，当可卡因消失，你的多巴胺水平就会从盛宴转为饥馑，你会发现自己对这种药物有更大的渴望。[正如乔治·卡林（George Carlin）所说："可卡因让你成为一个新的人，而成为新的人后他要的第一个东西就是更多的可卡因。"] 不过，如果你的阈值不那么容易改变，那么降低的奖励值会被你直接忽略，就像是一个炒股老手会忽略他早就预料到的糟糕收益一样。

大脑中有能产生快乐和奖赏的化学物质，也有激发快乐和奖赏欲望的化学物质。因为奖赏很少从天而降，所以欲望系统与心智渴望紧密相连，试图寻找新的体验。快感系统与内啡肽和肾上腺素的近亲——去甲肾上腺素（norepinephrine）密切关联；对新奇事物的欲望系统与多巴胺密切关联。这两个系统通常是同步的，但是也会因人而异，有的人快感系统强，有的人追求新奇事物的欲望系统强，所以有的人是享乐主义者，有的人是寻求新异者。这两种人格特质并不相同，但有时也会有重叠的部分。

几十年前，心理学家罗伯特·克洛宁格（Robert Cloninger）提出了他所谓的"统一的人格社会生物理论"，该理论围绕着与三大神经递质（5-羟色胺、多巴胺和去甲肾上腺素）相对应的三个轴。5-羟色胺轴与回避伤害有关（"拒绝敏感性"的另一个说法）。如果你的5-羟色胺水平很高，你会感觉自己不那么容易受到潜在的伤害，也更自信。如果水平很低，你可能会采取防御措施，不愿意冒险。多巴胺，像我们看到的那样调节着"寻求新异"轴；而去甲肾上腺素调节着"奖赏依赖"轴，使我们或多或少地对愉悦的刺激产生依赖。克洛宁格认为，这三个轴是相对独立的，人格的倾向性最终取决于你在每一个轴上的定位。你可能有很高的奖励依赖性，对新异事物漠不关心，中等程度的回避伤害——换句话说，你是一个居家享乐主义者。或者你可以是一个无畏的、不计较奖赏的新异寻求者，你总是寻找新的经验，而不关心它们是危险的还是快乐的，比如志愿上前线的战地记者。

克洛宁格的统一人格理论并没有被心理学界所接受，但如果用它来补充大众广泛接受的人格理论，它散发出新的活力，让我们对外向型和内向型、狂躁和抑郁有了新的认识，它让我们从内部去看大脑在人格倾向性上的作用。事实上，克洛宁格理论的问题之一是，它没有涉及其他重要的神经化学物质，如催产素或内啡肽。克洛宁格理论的根本问题，可能不在于把人格特质归因到神经递质，而是它没有考虑到其他重要的神经传导物质的主轴的存在。

在不远的将来，我们可能会有一些工具，也许是诊断测试，也许是脑成像研究，使我们能够沿着多个轴创建精确的神经化学图像。我们可以非常有信心地说，我们的 5- 羟色胺水平非常高，多巴胺系统很容易重置，睾丸激素水平比普通男性略低。这幅肖像看上去就像是《龙与地下城》（*Dungeons & Dragons*）的创作者所设计的战斗力计分系统：你的角色在敏捷度上有 15 点，在魅力上有 12 点，在智慧上有 7 点。

对神经化学的剖析看起来像电影《傻瓜大闹科学城》（*Sleeper*）或《妙想天开》（*Brazil*）中的东西，但它并不像电影里那么疯狂，那么邪恶。一方面，它不会无情地将你与基因结合起来，因为生活经验和学习也会改变你的神经化学。你的 5- 羟色胺水平很高可能因为你生来如此，或者是因为你的后天教养使它升高了。虽然剖析是对你人格的一种粗略描述，但它至少不像 SAT 分数或个人广告的文本那么简略。你仍然需要花很多时间与人交往才能更了解他们，但是当你没有足够的时间与他们交往时，了解他们大脑中的化学反应可能会提供一些信息。如果有人对神经剖析的想法感到畏惧，这通常是因为他们误以为这种分析会取代我们了解他人人格的其他方法，但这并不是一个非此即彼的命题。

或许有一天，我们可以根据神经递质的水平来识别我们的朋友。（"高 5- 羟色胺、低多巴胺、中等程度的雌激素？这听起来像卡拉！"）这种人格描述方法能否完整地描述一个人，抓住他的特质？当然不能。但这可能比将一个人描述为"身高 6 英尺 3 英寸（约 1.92 米），142 磅（约 64.4 千克），排行老大的男性"更能说明问题。你可能很容易根据这个描述来判断我说的是谁，但这些信息并不能帮助你了解他，因为这并不是他的全部。你的神经递质剖析也是如此，它并非不相干的信息，但也不是你的全部。一旦你理解了它的含义，它就能起到一定作用，虽然它不是你的全部，但至少它是你的一部分。仅仅因为它不全面，就把它从我们的人格描述中排除在外，就像是因为童年经历无法完全解释我们成年后的自我而将它们忽略一样，是说不通的。

根据神经递质的剖析（与基因剖析相反）来描述人格的另一个好处是，神经递质通路为生命经验和文化对人格的影响都留下了空间。你大脑的神经递质既由 DNA 决定，又受到后天教养方式的影响。几年前，一项著名的研究着眼于等级最为分明的文化机构（英国公务员[114]）的压力水平，结果发现，一个人在等级制度中的官阶能够明确预测他心脏病发病的概率，因为这与皮质醇有关。研究表明，你的官阶越高，皮质醇水平就越低。即使是最顽固的生物决定论者，也不会争辩说皮质醇水平天生较低的人会自然而然地晋升到最高官阶。显然，公务员的文化环境正在影响其压力水平，并相应地改变他们的大脑化学物质：地位越高，皮质醇越低；地位越低，皮质醇越高。这种激素水平会出现在我们的神经递质剖析中，但它们不一定暗示着，某些命运在你出生前就注定在你的双螺旋结构中。事实上，它们很可能指出了个体身体之外的、社会本身的不平衡。在我们的身体和大脑中流动的激素，可以告诉我们很多关于我们自己的情况，这不仅仅是我们与生俱来的生物自我，它们也是大脑之外的更广阔世界[115]的写照，是大脑内部化学反应所反映的一个世界。

我猜想在不久的将来，我们将看到全国人口的平均皮质醇（及其他主要内源性药物）水平的长期追踪图表。这些图表就像我第一次看到的自己的肾上腺素水平表，每个峰值都代表一个我讲过的笑话。你会看到人们的皮质醇在恐怖袭击和经济衰退之后激增，5- 羟色胺水平在股市牛市中飙升。外部事件并不会改变 DNA，至少在十年或二十年内不会改变，但是这些事件会对大脑化学物质产生显著的影响，其作用时间以秒到十年为单位来计算。在漫长的人类历史剧中[116]，大脑中的内源性化学物质一直默默地发挥着重要的作用，而现在它们有了发言权。

CHAPTER 6 第六章

Scan Thyself
扫描你自己

当然，我们在任何时候只使用大脑的一小部分，这也是一件好事。你的大脑有很多精密的功能，其中大部分与你现在关注的东西无关。假如你在背诵一篇演讲稿时，你的视觉皮层一直处于超负荷状态，那么你就很难去牢牢记住你的稿子。只使用10%的大脑标志着高效，说我们最好能100%地使用大脑的论点，就像是在说如果莎士比亚能把所有26个英文字母都用在他文章中的每一个单词上，那莎士比亚会更伟大一样滑稽。

1933 年夏天，作曲家莫里斯·拉威尔（Maurice Ravel）在法国度假小镇圣让德吕兹（Saint Jean de Luz）游泳时中风了。尽管中风后他仍保持着多产，但中风对拉威尔来说是一个标志性的转折点，这期间他一直与抑郁、失眠和暂时性失忆症作斗争。那天，当他挣扎着在水中保持漂浮时，他第一次注意到肢体不听使唤。随着时间的推移，一个更令人不安的长期缺陷越发明显：中风破坏了他的作曲能力。一位世界顶级大师不能再作曲已经足够残酷了，但这次中风还带来一件更残酷的事：拉威尔仍然可以像以前那样欣赏音乐，他的头脑里也充满了新的音乐理念，但他不再能将脑海中的音乐转换成乐谱或弹奏出来，他失去了与世界沟通他的音乐的能力。也就是说，拉威尔的中风[117]给他带来了与贝多芬的耳聋相反的效果：拉威尔可以从外部世界接受音乐，但他无法将内心的音乐传达出去。他会向熟人哀叹："我还有很多话要说，脑子里有这么多想法。"但这些想法被困在大脑的黑匣子里，直到 1937 年他去世而永远消失。

　　拉威尔的中风也极大地削弱了他对书面语言的掌握，他的传记作者描述他花了八天时间写了一封 50 个字的信给一个朋友。现代神经学家认为，这位作曲家经历的是左脑中风，损坏了位于左脑的语言中枢，而与情绪相关的右脑却完好无损。中风后的拉威尔还是会被音乐感动，但他无法将这种情绪转化为符号（乐谱）或身体动作（演奏）；

他可以听到音乐，却无法将它分解成各个组成部分。

拉威尔的中风揭示了大脑处理音乐信息[118]的典型模式：普通听众在欣赏音乐时通常依赖右脑，而音乐家，特别是那些能够读乐谱和写乐谱的音乐家，他们的左脑也被激活。拉威尔的音乐失语症支持了大脑模块化的说法，即使是一个看似单一的任务，如作曲，也会涉及大脑的不同区域：一边的大脑半球用于构思旋律，另一边的大脑半球负责描述它们。

当我们谈论音乐天才，尤其是作曲家时，我们通常赞美的是他们左、右大脑半球相互配合、相得益彰：将无形的音乐激情转化为可编码、转录，然后传递给其他音乐家和普通听众的东西。而我们大多数普通人只能简单地用大脑右半球来欣赏别人的音乐。

但如果你从远一些的视角，用我们看待挠痒痒或读心术的方式，思考音乐带给我们的乐趣，它就会变成一种奇怪的大家都有的能力。与伟大的作曲家的谱曲能力相比，欣赏音乐似乎很简单，但这种简单具有欺骗性。为什么原始的音乐形式对我们的情绪有这样的控制力？我们喜爱自己的孩子，因为这种喜爱能帮助孩子生存下来、使我们的基因传递下去。但为什么我们对民谣或吉他表演也充满喜爱呢？

越了解大脑，我就越觉得科学可以告诉我们很多行为，比如集中注意力、坠入爱河、感到恐惧等在大脑中触发的特定回路。这些都是有明显的进化意义的经验，所以我们在大脑中找到与它们相对应的特定结构并不奇怪。但生活不仅仅是本能，人类的一些高层次的喜悦来自与人类进化无关的经验，至少从表面上看是这样。我知道为什么我和孩子之间有那么紧密的亲子关系，但我很难解释，为什么尽管至少听了上千次，我仍会在听万·莫里森（Van Morrison）的专辑《星际星期》(*Astral Weeks*) 时觉得脊背发凉、毛骨悚然。大脑科学可以揭开谜底吗? 科学可以告诉我们很多有关本能的东西, 但它能否告诉我们与本能无关的情绪呢?

我们可以改变一下提问的方式。先不去关注音乐为什么使我们感动, 我们可以关注一下当我们被音乐感动时, 大脑里发生了什么? 我们可能永远不知道音乐对人类心理影响的进化解释, 可能的确没有直接的解释, 对音乐的鉴赏力可能不是一种自然选择的产物。音乐可能是斯蒂芬·杰·古尔德 (Stephen Jay Gould) 最有名的 "拱肩" (spandrel, 译者注: 楼梯下的三角空间), 由其他被选择的特质所造成的副产品。我们已经知道在欣赏音乐时, 我们大脑中发生的事就像拉威尔的中风所显示的那样, 右脑负责音乐欣赏[119], 这意味着音乐与语言相对立, 具体语言类别和较流畅的声音联结相对立, 这种直觉上的说法是成立的, 它们有生物结构上的起源 (即源自大脑两个半球)。

我们也知道了一些音乐带给我们的难以捉摸的个人感觉, 如战栗是怎么来的。十多年来, 潘克赛普一直在研究音乐所引起的战栗感[120]的神经化学机制是什么。他的研究工作 (现已得到许多其他研究的支持) 让我们了解到, 在聆听我们最喜爱的音乐时体验到的快乐的战栗感是由于内源性阿片类物质的释放。阿片类物质的分子与社会联系、父母之爱、慢跑者的亢奋 (runner's high) 以及海洛因和吗啡等麻醉药物的效果有关。潘克赛普发现, 动物对音乐也会有战栗反应。在一个被广泛引用的实验中, 他放了几十张唱片给鸡听, 并在鸡身上贴了电极来测量它们的战栗反应, 结果发现, 鸡最喜爱平克·弗洛伊德乐队 (Pink Floyd) 晚期的唱片《终幕》(*The Final Cut*)。根据这个实验结果, 我们又一次看到大脑化学物质对我们最熟悉的体验进行的解释: 欣赏音乐的喜悦竟然和为人父母的喜悦[121]或吸毒的快感相关。

那么，想象一下，把潘克赛普的实验向前推进一步：别再关注正在听平克·弗洛伊德的音乐的鸡的大脑了，让我们仔细看看拉威尔的大脑。这个大脑在尚未中风前，构思出新旋律时是什么样子。到目前为止，大部分的脑影像研究都聚焦于正常的大脑和存在某些病变的大脑，如果有机会扫描一下那些天赋异禀的人的大脑，将会为我们打开一扇怎样的通向灵感世界的大门？

我不知道音乐灵感来了是一种什么感觉。对我来说，灵感是围绕着单词和句子，而不是旋律与和声。我并没有把自己想象成一个文学领域的拉威尔，但从我记事以来，将文字串成叙述和论点一直是我最流畅的思维能力，换句话说，我从小就文思如泉涌。脑科学有对这种才能贡献出什么解释吗？我想知道，当产生一种新的见解（或者两个想法间模糊的联系、将让人费解的章节重新修改的方法、思考某个句子的措辞）时，我的大脑中究竟发生了什么？这种能力并不像我在写这本书时探索到的很多体验那样充满了情感，但它对我而言同样神秘。我天生就不是一个喜欢神秘事物的人，即使后天的经历也没有改变我，但这些灵光一闪的洞察力是我很感兴趣的体验。当英国作家约翰·济慈（John Keats）吩咐我们"打开心灵的笼门"时，这些火花是他所追求的超越。一个想法突如其来地在我的脑海中闪现，它究竟从何而来？

要是我们可以回答这个问题了，那该是多么神奇啊！我们现在只能从进化的根源推测新想法从何而来，我们并没有真正理解神经元的激活是如何创造出如此丰富的想法的。但我们可以在一瞬间精准地确定当新想法出现时，大脑的什么部位在激活。我们可以将短暂的心理过程映射为直觉。从根本上讲，我们可以知道直觉来自哪里。我们所需的不过是一个勇敢的、没有幽闭恐惧症的被试以及一台价值200万美元的核磁共振仪。

我一直以为自己就是那个勇敢又没有幽闭恐惧症的人，直到他们把我的头固定在一张机械轮床上，并把我推进一个两英尺（约0.6米）宽的隧道里。那里只有一面扑克牌大小的镜子，让我得以一窥外面的世界。

我正在做头部检查，没有比这更恰当的说法了。从技术上来说，我的头部正接受一台5吨重的美国通用电气公司生产的双梯度功能性磁共振成像设备的扫描。把我领入这个先进的大脑扫描仪器的人是哥伦比亚大学脑成像小组的主任乔伊·赫希（Joy Hirsch）[122]，她慷慨地答应帮我去实现我的追求：从内部观察我的大脑有了新想法时的情形。

说实话，我从第一次体验了注意力训练仪的神经反馈设备时，就有了这个追求。有几次实验分析了我在各种注意力相关的任务中，β波段脑电波的水平，这让我对自己在其他活动中的大脑行为感到好奇。写作本身就对我的心智有着奇怪的影响。在漫长的一天结束后，我可能会精疲力竭，丝毫没有工作的冲动，但如果让我坐在电脑前，拿出一篇我写了一半的文章，我会立刻开始对字词进行修改润色，比如调整词语顺序、重新写个开头。这就像是一种强迫行为，我无法不修改字句。在我的儿子出生之前，我担心有一个蹒跚学步的孩子在家里跑来跑去会让我很难进行写作。的确，很多事情都需要专注力，比如读书和接受电话采访，如果孩子在房间里我就没法做；但写作却是一件轻而易举的事。当我在专心修改文章时，就算有一架747喷气式飞机

140

在我的房间里起飞，我也不会注意到。

这就是我去找赫希的原因：我想知道当我处于忘我境界时，大脑里发生了什么事情？我知道，赫希的研究中心刚刚安装了一台最先进的功能性磁共振成像仪，加上她数十年解读大脑图像的经验，她可能是这个星球上最擅长捕捉这一心智活动的人了。问题是我们是否可以设计一个实验来清楚地揭示出大脑的活动，如果我的头卡在这个 5 吨重的核磁共振仪中时，我还能想出有趣的点子吗？

大约在我接受扫描的前一周，我向赫希提议了一个实验流程：我们可以从我读一些无意义的句子开始，接着我再读一段别人的文章，然后再读一段我自己的作品，实际上就是这本书里的一段。在阅读我自己的文章时，我希望能有一些灵感的火花冒出来，比如某个字使我想到可以多增加一个句子或重写这句话，或是其他临时冒出来的灵感。如果一切顺利的话，这台仪器会拍下灵感在我大脑中形成时的情形。与生物反馈技术不同，功能性磁共振扫描可以通过测量神经细胞的血氧含量，来捕捉大脑三维模型中活动的细微变化。无论如何，这都不是一个完美的方式。你必须在一个区域内至少有 50 万个激活的神经元才能被仪器捕捉到，但这是目前所有技术中能够让我们看见大脑内部活动的最好方法。

当我到达实验室时，赫希和我坐在她的办公室，检查了实验的整个流程。她告诉我，她把最初"控制"实验中阅读的无意义的句子，替换成了闪烁的黑白棋盘图案，因为后者才是标准的视觉测验刺激。

"你不能用阅读无意义的句子作为控制组，因为我们对'无意义'的定义并不完全清楚，"她解释道，"通常来说，正常的活动，比如阅读、摸触一个东西或辨识一张面孔，我们都会在大脑特定的区域看到相应的活动，就像这些工作被大脑分配给某个适合的脑区去处理；但是当有噪声出现时，我们的整个大脑似乎都亮了起来，就像它想要找出噪声的来源。"为了重新设定秩序，我们的大脑在面对混乱的情形时会激活所有的脑区以找出一个合理的解释。

赫希解释说，实验的每个阶段都包括三个部分：休息、活动、休息。扫描仪启动时，我需要尽自己最大努力在 40 秒内什么都不想；然后刺激出现（棋盘图案或文本），我需要再看 40 秒；最后我又得什么都不想 40 秒。这种总计 120 秒的阶段会重复两次。

当赫希开始安排实验流程时，我开始担心自己在机器里会没有时间去真正地"思考"；我不想花整整 40 秒的时间来阅读，尤其是当我阅读自己写的文章时，我想要的是用字去引发脑海中的新想法或联想。因此，赫希同意加上一点内容，即在最后一个阶段，我会看到自己书中的一句话，同时用整整 40 秒来进行思考。

接着，赫希告诉我可能存在的风险："我们在检视你的大脑，所以我们很可能在这些扫描中看到一些异常的东西。"

我点点头，说："你是说脑瘤。"

"有时候，当我们与被试（那些来帮助我们研究而且没有任何病症的人）一起工作时，他们会说：'如果你在那里看到什么，不要告诉我。'"

"嘿，如果你看到里面有什么你不喜欢的东西，"我苦笑道，"请一定要告诉我。"

然后她告诉我扫描仪器存在的风险："它是非侵入性的，所以基本上是安全的。"我想起几年前有一则新闻报道，说某个医院的员工将金属制的垃圾桶落在了功能性磁共振成像设备所在的房间中，当仪器开始工作时，强大的磁场把垃圾桶吸了起来，并当场砸死了正在接受扫描的病人。

我决定不向赫希提起这段新闻。

然后，她的声音变得更严肃了。这让我感到她接下来要说的事会比肿瘤或飞起来的垃圾桶更重要。

"你也应该知道，有些人在扫描仪里会感到不舒服。"

"因为这地方太幽闭恐怖了？"

"它里面很小，机器又有很大的噪声。很多人完全不能适应这种环境。不过你要知道，我就在这个房间里陪着你；无论什么时候你想出来喘口气，你可以随时告诉我。"

"我想我会没事的。"我诚实地说。虽然我也有很多害怕的事，但密闭的空间并没有排在我的恐惧榜单的前列，只要在刚开始的那几秒，没有飞行的金属物体向我砸来，我想我并不会担心自己在机器里面的安全问题。

一两分钟后，我们走到功能性磁共振成像室。这台机器本身看起来像一台 10 英尺（约 3.05 米）高的超大型衣服烘干机，在它中心的空心管上印着一个巨大的通用电气的标识。我躺在机械轮床上，技术人员轻轻地把我的额头靠在顶端的托架上，并递给了我一副耳塞。

然后，我就进去了。

在功能性磁共振仪器里面肯定比从外面看起来要难受得多。内部空间本身小得惊人，那种被封在一个大机器中的感觉比想象中更令人不安。为了进行我的实验，赫希和她的团队在我的眼睛上方放置了一面小镜子，使我能够看到仪器外面的一小部分世界。这面小镜子同时让我可以阅读由投影器投射到屏幕上面的文本，但当我第一次进入扫描仪时，它也让我感到一阵恶心。我知道，这种恶心是我大脑里的两个模块发送冲突信息的另一个副作用：我大脑的一部分报告说，我刚刚被送进了一个狭窄的隧道，而我的眼睛却报告说，它可以清晰地看见仪器外面的东西。我想了足足有一秒钟："我可能真的没法适应这个仪器，我可能也会喊停并中断实验。"

于是我开始开玩笑，就像我平时在紧张的时候所做的事情一样，又像在生物反馈医生的沙发上所做的事情一样。尽管这个笑话只有我才能欣赏，但它确实是个笑话。我对自己说："我为什么会到这里来？我遇到了什么样的怪事，才会让我要求别人把我放进这个可怕的机器中？"想完之后我虽然还是有些不舒服，但是不再有想逃离的感觉了。

功能性磁共振成像设备能够捕捉两种类型的图像：传统的核磁共振成像（分辨率更高，但无法显示大脑的哪一个位置在活动），以及功能性（functional）成像（分辨率稍低，但可以显示大脑中活动的地方。功能性磁共振成像原理是利用大脑在工作时需要增加血液的含氧量，这会在磁场中产生一个微小但可检测到的改变）。一开始，我们按照惯例扫描一下我的大脑，然后就从黑白棋盘模式开始进入实验程序。

当功能性磁共振成像设备处于工作状态时，你可以很容易地分辨出来，因为它会发出一种令人不舒服的高分贝、高音调的脉冲音（难怪他们会递给我耳塞）。当你真的在扫描仪里的时候，你的感觉就像是一台载重量很大的卡车正要倒车进入你的脑袋。在第一个 40 秒的休息时间里，我发现自己除了感受痛苦的噪声以外，无法去想任何事情。当我看到黑白棋盘的图案出现在屏幕上时，我突然觉得自己就好像在参加一个奇怪的艺术表演，我在一个狭小、拥挤的空间里，伴随着单调、有节奏的、震耳欲聋的声音，黑白的影像投射到屏幕上。

但是在第二次黑白棋盘的图案出现时，我开始习惯密闭的空间和这种持续不断的噪声，透过镜子我看到赫希在向我微笑，噪声逐渐退隐成背景声，我终于开始觉得舒服了，所以即便在本应该"休息"的40秒，我的大脑也很难不去乱想。当我的头还在设备里的时候，我发现自己在思考如何描述这个场景，讲述我的功能性磁共振体验的故事。当我发现自己这样做时，我忍不住在黑暗的隧道里微笑起来。我突然想到，这正是大脑神奇的弹性和适应性的例证之一：虽然你的大脑处在一个难以忍受的环境里，你明确地告诉它不要想任何事情，但它还是想出很多事情来。你很难想象还会有比现在更恶劣的自由联想环境，但是在这里我的大脑仍然飞速运转，就好像我在一棵橡树的树荫下做白日梦一样。

然后我开始阅读。因为是通过镜子来看，文字读起来有点费力。赫希从诺贝尔生理学或医学奖得主埃里克·坎德尔（Eric Kandel）的经典神经科学教科书中选了几段，而我从我写的这本书的早期草稿中选了几段关于弗洛伊德的文字。我不得不强迫自己去读坎德尔的文章，而不是去想当下这个奇怪的场景。当然，任何一个经历过五年级时被老师强制布置暑期阅读作业的人都知道，你必须不断地提醒自己把精力放到阅读材料上，但在这种情况下，你根本无法心无旁骛地读文章。在扫视投影在屏幕上的坎德尔的文章时，我不得不努力跟上文字的节奏（如果当我从仪器里出来时要接受考试的话，我敢打赌我连一半都没记住）。我发现当我读自己写的东西时，更容易做到专注，但肯定还是没有足够的时间去思考。在完成这个实验阶段时，我对自己说："我很高兴实验追加了一段纯思考的环节。"

我很高兴，但我也累了。我的头在25分钟内移动不超过1厘米，这个密闭的空间对我而言越来越有压迫感。当第一张静止的幻灯片出现在屏幕上，告诉我可以沉思时，我感到措手不及。我对自己说："现在我得想点什么了。"在这台价值200万美元的机器内，即使给我40秒钟时间，我也完全想不出任何有意义的东西。我努力去思考一些事，如果这一阶段有任何认知波动的话，这就是我在第一次扫描期间做的事情了。

但到了第二轮，也就是实验的最后一轮，我已经做好了准备，我决定让我的大脑自由地去想这个实验。我已经开始描述自己在这台扫描仪中的体验了，为什么不把握住这最后的一轮，真正开始组织语言呢？所以当文字出现在屏幕上提示我第二个40秒的思考时间开始时，我在脑海中组织句子并开始了创作。

在这台仪器中，我组织在一起的词句其实就是你前面刚刚读到的那一段：大脑即使在很不舒服的状态下，仍然可以保持弹性。大概的想法在几分钟前就出现了，但确切的措辞在最后一个阶段才产生。当然，这些特定的句子是偶然产生的。有趣的是，赫希和她的功能性磁共振成像仪观察着它们在我脑海中是如何形成的：我的大脑将这些单词从虚无中拉出来，并使它们变成固定的语句，直到几天后我坐在电脑前将它们打出来。在最后的40秒里，我跌跌撞撞地走进了忘我境界，这是我自从第一次接触注意力训练仪后就一直在思考的。

赫希分两个阶段告知了我结果。第一个阶段是在我从仪器里一出来时，赫希就立刻快速扫视了一眼传统的核磁共振成像，然后宣布我有一个很健康的大脑。"一切看起来都很好，"她一边说，一边把X光片放到看片光板上，"一个教科书式的大脑。"我骄傲地笑了一下，然后想："她可能对所有被试都是这样说的。"但我还是很高兴，因为我的大脑中没有肿瘤。我想："至少我知道了自己的大脑是正常的。"

第二阶段就很有趣了。几天过去了，赫希给我发了一封电子邮件，告诉我结果出来了。"你会喜欢的。"她在信中卖了个关子。我第二天下午立刻搭地铁到 168 街（译者注：哥伦比亚大学医学中心）去找她，赫希和我一起坐在桌边讨论我的大脑。

赫希整理出了近 40 张彩色的大脑图片，每一张都展示了 4 个我在工作中的大脑的影像。这些图片都是扫描图，每一张都是我大脑的一个"切片"，从最底部的脑干开始，到最顶部的皮层顶端结束。对每一个实验阶段（一共 4 个阶段），仪器都捕捉到了 25 张大脑当时的切片。这项扫描是根据血液流向不同区域的变化形式进行的；扫描仪首先在"休息"期间查看我的大脑，然后在"活动"期间查看我的大脑，并记录两者之间所有显著的差异。这些图像可以让你看到与特定任务相关的区域，并排除了大脑一直在做的背景处理工作。例如，我的脑干一直在不断地努力维持着我的呼吸（以及许多其他关键任务的操作），但脑干区域在扫描图像上没有亮起，因为这些模式在实验过程中没有发生改变。

确实显示出明显变化的区域在图像上显示为一组亮黄色像素，其外围逐渐变为橙色和红色。这些图像和你在天气预报上看到的多普勒雷达（Doppler Radar）图像有惊人的相似之处（假如你眯起眼睛来看脑干图的话，大可以把图像上的黄色斑点想象成雷暴云砧，而不是头脑风暴）。图像被投射到很多网格组成的方块上，每个轴旁都有数字。有编号的网格加上切片方向就形成一个三维空间坐标系统，即神经地图的经纬定位。网格由称为"体素"（voxel）的小立方体组成，每个体素都有一个特定的坐标。例如，我的杏仁核就在第 13 张切片的（65，70）体素。这个坐标使你可以很容易地比较不同大脑的活动区域，你也可以用它来与纸质的手绘大脑图谱进行比较。赫希在我们的谈话中，不时地会参考它。

赫希先把我们在实验第一阶段（即黑白棋盘）收集的 25 张切片平放在桌子上，黑的棋盘所引发的活动模式立刻可见，连我这个外行人也看得出，这是因为除视觉皮层外，其余 95% 的大脑区域什么都没有发生。只有一条薄薄的带状物缠绕在我的头的后部，大致与耳朵齐平，发出黄色的光。

"我们知道，闪烁的黑白棋盘对大脑的视觉处理区域来说，是一个非常显著的刺激，"她说，"这几张片子显示的正是大脑在处理视觉信息。"

她指着黄色的带状物说："大脑的这一部分都是初级视觉皮层。它的独特之处在于，黑白棋盘图案所激发的活动不会超出枕叶，额叶完全没有激活。这是你所能得到的最纯粹的视觉反应了，"我们两人都笑起来，"你的大脑正在做着它必须做的、消耗最少的事情，坐在那里看着那个愚蠢的棋盘。"

看着我大脑里那些没有亮起来的空白区域，我想起来有人曾郑重地向我解释过，我们只使用了大脑的 10%，然后又激动地说，如果我们能 100% 地利用大脑，我们会变得多么聪明。当然，我们在任何时候只使用大脑的一小部分，这也是一件好事。你的大脑有很多精密的功能，其中大部分与你现在关注的东西无关。假如你在背诵一篇演讲稿时，你的视觉皮层一直处于超负荷状态，那么你就很难去牢牢记住你的稿子。只使用 10% 的大脑标志着高效，说我们最好能 100% 地使用大脑的论点，就像是在说如果莎士比亚能把所有 26 个英文字母都用在他文章中的每一个单词上，那莎士比亚会更伟大一样滑稽。

赫希拿出了实验第二阶段的片子，也就是我读坎德尔的文章时的大脑扫描。它与第一阶段图像的对比是令人吃惊的：除了大脑后部的视觉皮层仍然有类似的激活，大脑其他部分也出现了激活的现象。赫希说："当然，你会预期看到一些视觉加工，因为你当时在阅读。但我们也会预期看到一些更高层次的功能。"

她指向第 12 张片子中（大概是切片方向的一半处）两块对称地排列在左、右两边大脑的黄色区域，说道："这是一个与眼睛运动相关的区域，你的眼睛在阅读时左右跳动，这是你在看黑白棋盘时所没有的情况。"

"现在，看看这里的区别。"她指着上面一张片子说。我大脑的中央和周围都有很多激活了的区域。"这里我们能看到你在进行更高层次的加工，这个地方肯定和语言有关——布洛卡区的背侧区域，这周围有很多额叶的激活。"她指着另一张片子，"这个清晰可见的地方是威尔尼克区，它在黑白棋盘阶段完全没有激活。所以你的语言区、视觉系统、眼动区都参与了你的文本阅读过程。"

我需要一点帮助来定位主要的位置，但是一旦我确定了方位，我就能掌握自己大脑活动的模式。我觉得自己有点像一个在学习阅读别人脸上表情的自闭症孩子。我转头对赫希说："假如你完全不知道实验流程，光靠看这些大脑的影像，你能看得出这是一个人在阅读吗？"

"当然可以。这是教科书般的案例。"然后她调皮地笑了笑，开始打开第三阶段的片子。"而这个——我想说这个人在读他最喜欢的作家的作品。"

我们现在看到的片子是我在读自己写的文章时的大脑。乍一看，这些图像的模式与上一个阶段大致相同，但是大脑激活得更明显，黄色的区域面积更大。赫希笑着说："不管埃里克·坎德尔是否是诺贝尔奖得主，都无法与之相比。"

"哦，天哪！"我轻笑着，对自己构想出来的这一实验感到有些难为情，"这个实验从一开始就是我的虚荣心在作祟。"

"看看这个，"她说，"同样的区域在发挥作用，但是你在读自己写的文章时，这个区域工作得更起劲，这真令人感到惊讶！"

"全是亮红色的。"我边看边不好意思地摇头。我注意到海马这个记忆中心激活很明显，而在我读坎德尔写的文章时，它是代表激活不明显的暗红色。"所以我在读自己写的词句时引发了更多的联想，因为那些是我自己写的。"

"完全正确！"赫希说道。我想起过去我一直抱怨说，自己的文字一旦发表成书就不想再去读它，因为我经历了初稿、修改、重写、编辑加工的过程。当我最后读这些文字时，过去所有修改过的内容全都一涌而出。现在我终于直接看到它们是从哪里涌出来的，就是那些黄色体素标出来的区域。

我想，这一刻可以被看作在后现代自我反省的镜子大厅里进行的终极训练：你，亲爱的读者，在读一本书。这本书描述的是一台价值 200 万美元的核磁共振仪在扫描一个正在读这本你正在读的书的大脑。当我们可以直接观测到大脑的活动时，谁还需要《黑客帝国》（The Matrix）中发送信号给大脑的计算机母体？然而，我认为更准确的说法是以完全相反的方式去观察大脑的活动：我们不需要无穷无尽地反思已有的反思，我们需要直接且确定地观察大脑的活动，打开大脑，仔细观察。当我读自己的话时，我可以看到我的海马亮了起来，大脑中充满了联想和记忆。这是事实，不是错觉。

赫希把图片在桌子上铺开时，很像一个解读塔罗牌的人，但她的分析并没有什么神秘之处。我发现自己在想，"这个我几乎不认识的人，正在以一种前所未有的方式进入我的大脑"。这就是为什么我觉得在镜子大厅进行反思的解释是不对的。在这里，我进入了我的大脑，它不是一种无穷无尽的模拟，它让人觉得很真实。

到目前为止，我们查看的所有图像都是合成的草图：每个阶段包括两轮，因此图像是对两个阶段的活动的合成图。但经过反复思考，我要求赫希分开来看这两轮的图像。因为我第一次表现得太差了；而在那天的最后一轮里，在聚光灯下的 40 秒时间内，我成功地让自己的大脑处于我想要的状态。

这两个阶段的图像一点都没有让我失望。在第一轮测试的片子中，我的大脑中分散着一些活动的小点，大部分是红色体素（这意味着活动比黄色少），几乎看不出有什么形状或对称性；但在第二轮测试时，我的大部分大脑是多么安静。只有语言中枢一直以不同强度在激活，一条黄色的带子从大脑中央一直延伸到我的头骨顶端。视觉活动非常少，眼动区几乎没有激活。

"近些年，在神经影像学界流行着一个效率的观念。它的意思大概是，当大脑碰到一个棘手的难题时，激活的地方会很零散，像这个样子，"赫希指向第一次扫描的图，"这不是一个有效率的行动。而在另外一张片子上，你可以看到大脑正在很有效地解决难题。"

"这一张看起来，你表现得很好，"她指着第二轮扫描的片子上的亮黄色点说，"这里有更多的证据，你看这个非常集中的内侧前额叶[123]，这是这次扫描最特殊的特征，这里是大脑执行最高层次功能的地方。你可以看到，它像一根杆子一样一直延伸到扣带回。我认为在协调大脑的不同活动方面，内侧前额叶起了很关键的作用，它帮助我们在适当的时候调动适当的工具。"在最后一次扫描中，整个结构（而不仅仅是其中一部分）都是激活的。用赫希的话说，在这 40 秒的灵感进发中，我的语言区域非常"强健"，但它们并不是片子上最有趣的元素，有趣的是整个激活的形态很清晰、不混乱。

我一直希望找到什么？我在乘地铁回家的路上一直在想这个问题。刚开始我以为，我大脑的文字组织能力在扫描中可能会以自己的模块形式存在：某一组神经元专门用于组织语句。假如大脑中有很多这样的模块化工具的话，从逻辑上说，我们从大脑地图中应该可以看到处理你擅长的事情的地方。有时候情况的确如此，就像爱因斯坦的大脑有异常大的下顶叶（inferior parietal lobes），我们认为，这就是为什么他会有非凡的空间—逻辑能力（众所周知，他常在脑海中靠想象中的图形就解决了问题，但他得花几个星期把这个解法写成方程式）。这种技能很可能会直接在功能性磁共振成像扫描中显示出来：一个空间能力超常的人，在大脑中处理空间的区域会表现出更多的激活状态。我猜想，如果拉威尔中风前能接受功能性磁共振成像扫描的话，他大脑的左额叶会明显亮起来。

但在我的案例中，大脑扫描图像显示了一些完全不同的东西（事实证明，我不是爱因斯坦）。在我的大脑中，没有一个特殊的模块专门处理某种活动。在最后一次对思考过程的扫描中，赫希看到的不是一个特定的区域，而是整个大脑激活的模式。在我大脑工具箱中的工具并没有特别令人印象深刻的东西，但工具箱本身组织得很好。事实上，似乎我唯一高于平均水平的是负责协调其他区域活动的区域。我的语言区域功能很好，当我处理有趣的文章（或者至少是我自己的文字）时，我的海马似乎可以很好地发挥作用。但也许我的大脑地图里最能说明问题的反而是没有出现在片子上的那些东西：当我集中注意力时，那些与关键任务无关的区域几乎都没有亮起来。和第二次扫描相比，在第一次实验的思考阶段，我处于认知混乱状态。这次扫描，几乎没有一个可以识别的模式，基本上都是噪声，而信号很少。

如果我重新做一次这个实验，我不知道我的核磁扫描结果会有多大的可重复性，也不清楚这种组织形式（强烈的内侧前额叶激活和许多静默脑区）是否代表着大脑一般的情况，还是只在这次的脑成像中才是如此。但是我认为，功能性磁共振影像的存在是有其意义的，它已经开始改变我对自己认识的人的看法，就像学会阅读他人的心智状态改变了我对他人社交技能的想法一样。我猜想，天才的世界是由两种大脑组成的：一种是有特别擅长工作的特定模块，另一种是特别擅长将这些不同的模块组织起来。这两种类型的大脑在我们看来都很有天赋，也很聪明。但是，这两种类型的大脑有很大的不同，如果你知道从哪里看的话，你会看到它们的差异所在。我们都知道有些人具备酷炫的技能：他们可以坐在钢琴前，弹出上个星期所听过的曲子；他们可以在大脑中算出不同利率对应的利息；他们可以真正地了解量子力学。但是我们也承认另一种天才：没有惊人的、超乎寻常的技能，但他们总体上很能干、很有效率，没有什么外在的干扰能影响他们。

在我上高中的时候，我的父亲常对我说："你不是一个火箭科学家，但是你很聪明，你有很多天赋。"我以前对这句话很生气（如果我愿意，或许我可以成为火箭科学家）。现在我认为他是对的，我见过火箭科学家、天体物理学家、计算机程序专家以及建筑天才，我的确没有他们所拥有的那些能力。我没有他们那样的特殊天赋。但是这次功能性磁共振扫描让我觉得，或许我有别的能力，虽然不那么耀眼，但也没什么好惭愧的。或许我有一个组织得很好的大脑，就像是一个组织得很好的交响乐团一样，它可能不是举世闻名的独奏者，却也能演奏出美妙的声音。从某种意义上来看，这很可能是我父亲过去一直想告诉我的话，只是说法不同而已：我的天赋在于有一个组织有序的大脑，而不是有某个特殊的大脑模块。

虽然这只是一个实验，但这台仪器给了我一些普通机器通常无法解决的问题：一个有关自我的直觉，或许是更大范围的、关于普罗大众的一种直觉。一年多以来，我一直梦想着能捕捉到我的大脑在点子出现时的情景。多亏了赫希和她不可思议的仪器，我成功地捕捉到了那一瞬间。结果令人着迷且非常清晰，甚至我这种门外汉都能看懂。但这些结果并不是答案，它们更像是线索。

严格地说，我大脑的功能性磁共振扫描是我内心探索之旅的终点，但我反而觉得它们更像是一个开始。看到我的大脑产生想法，反而给了我一个更有趣的想法，这个想法在我现在写书时仍在我的脑海中打转，如果能去扫描一下，不是很好吗？

CONCLUSION 结语 ————————

Mind Wide Open
广开心智

————————————————————

————————————————————

如果我们能够用生理学或化学术语来取代心理学术语，那么我们描述的那些缺陷可能会消失……我们可能期望着生理学和化学给我们一些让人意想不到的信息。我们无法预测，几十年来，我们提出的问题究竟会得到怎样的答案。这些答案可能会一举击倒我们过去所有精心架构的假设。

——弗洛伊德

关于心智如何运作这一点，我们每个人心中都有自己的一套理论。当然它可能不是一个统一的理论：通常它会随着每个人的学科领域或知识阶段的不同而有所不同。涉及埃里克·埃里克森（Erik Erikson）的心理学理论，我们会说某人正在经历"身份认同危机"（identity crisis）；借用现代神经科学的说法，我们会将自己描述为"非常的右脑型"（very right-brain）；盗用神秘主义者的观点，我们会说到 C.G. 荣格（Carl Gustav Jung）的无意识或占星术揭示的人格特质。尽管我们当前流行的心智理论大多是多种理论混杂而成的"混血儿"，但它们都有一个共同的祖先：西格蒙德·弗洛伊德。

弗洛伊德关于心智如何运作的假设在我们的文化中仍然无处不在，事实上，我们甚至很少想起这些假设的起源。弗洛伊德的思想就像是流通已久的硬币，以至于印在其表面的徽章都已经磨损了。当你提到压抑一种不愉快的记忆，或者开玩笑说一种暴露的口误，或者通过回忆一个伤痛事件来减轻它对你的控制，或者分析一个朋友的梦背后的含义——以上种种，你都在使用弗洛伊德的语言，使用他发明的心理学类别和关系术语。

本书秉持这样一种观点：现代神经科学已经为我们提供了一种理解心智的新语言。想学会这门语言，你不需要拥有博士学位；只要你有正确的工具和正确的翻译（有些正是我在前面的章节中努力想做到的），你就可以达到熟练掌握的水平，这将使你更加了解你头骨里住的那个家伙。近百年来，西方社会的大多数人都认为，最有力的自我认知途径就是躺在沙发上谈论我们的童年。在这本书提供了这样一种可能性，你可以走上另一条道路，并获得同样有深刻意义的结果：躺在功能性磁共振扫描仪中，或连接到神经生理反馈仪器上，或只是阅读一本关于脑科学的书。

如果你花些时间来探索这个新领域，当你思考你的大脑是如何工作的，你最终会得到一套概念性的构建模块：有些是特定的化学物质，有些是特定功能的区域，有些是区域和化学物质间更广泛的相互作用模式。在过去的几十年里，这些类别中的一小部分已经开始被人们所研究，比如左右脑的功能、内源性阿片类物质引发的自然快感、5-羟色胺与社交自信的关系。在未来十年里，相信会有更多研究出来。"9·11"事件后人们自发产生的焦虑倾向，使"杏仁核"几乎成了家喻户晓的名词。在搜索网站上，有十万零三千个网页提及了催产素。在写这本书时，我在一个和神经科学毫无关系的会议中，遇到了一位美国的政界要员。当我告诉他，我正在写一本有关脑科学的书时，他用一副很懂的样子看着我说："都在边缘系统里。"

但是，如果这种新语言将改变我们对大脑如何工作的主流假设，那么问题就变成：过去的语言怎么了？在神经科学时代，那些弗洛伊德的分类已经过时了吗？还是仅仅把旧的分类翻译成一种新的语言，并在必要的地方进行修饰？鉴于我们对大脑内部情形的了解，弗洛伊德理论的哪些部分值得保留？除此之外，还有哪些部分仍然值得我们学习？

近 100 年来，我们一直与弗洛伊德保持着某种关系，套用一句弗洛伊德自己的话说："是两极（bipolar）的。"这位维也纳医生的观点曾盛行一时，饱受大众追捧，随后又引起强烈的争议。50 年来，弗洛伊德的心理模型独霸一方，他的密集的、文学性的分析催生了大量家喻户晓的术语：弗洛伊德式的口误（Freudian slips）、俄狄浦斯情结、愿望实现、梦里的雪茄（只是一支雪茄而已）。但是就如他的崛起一样快速，弗洛伊德很快受到了来自各方的攻击：药理学家发现锂盐（lithium）比任何谈话疗法都能更有效地治疗躁郁症；行为主义者试图把心理学向科学化引导，远离对内在精神生活的反思；女性主义者认为，弗洛伊德对儿童虐待的研究似乎是在指责受害者；新保守主义者认为，这位医生过度地将一切解释成"性"，而所谓的分裂的自我、潜意识驱力的观点都是可笑的；脑科学家开始用神经影像工具观察脑的内部，但却没有发现本我、自我和超我的王国。

在经历了几十年的情绪波动后，我们可能终于迎来一个平衡点——承认弗洛伊德带来的许多突破，同时也承认他理论中的某些元素需要根据现代脑科学的研究成果进行更新。也许这种新的平衡中最有趣的迹象是神经心理分析运动的兴起，这一运动由一群脑科学和精神分析学家领衔，他们致力于探索当代对脑的理解是如何与弗洛伊德的思想体系兼容、如何受弗洛伊德思想体系推动的。20 年前，人们普遍认为，弗洛伊德和颅相学（phrenology）一样过时，至少在严肃的、同行评议的、经验主义的神经科学领域是这样。今天，领域内最杰出的学者，如脑科学家雅克·潘克赛普、安东尼奥·达马西奥和神经心理学家马克·索姆斯（Mark Solms）都主张在弗洛伊德的神话世界和由功能性磁共振、正电子发射计算机断层显像扫描所绘制的新世界之间建立桥梁。20 世纪

90年代后期，诺贝尔奖得主、神经科学家埃里克·坎德尔[124]发表了一系列广受讨论的文章，这些文章概述了精神病学，特别是精神分析如何与日益丰富的认知神经科学领域联系起来。

在这个不太可能的联盟中，藏有构建新流行的心理模型的基石。但是想要理解这一模型，我们必须首先回归根源。这是弗洛伊德在1917年写的文章，那时人们的"一战"创伤正逐渐愈合，许多人都认为这是他的巅峰之作。

充盈着这个器官的所有能量，几乎都来自它内在的本能冲动。但是这些本能的冲动并非都能发展到同一阶段。在发展过程中，这样的事情一次又一次地发生：在目标或需求上，个体的本能或部分本能，与能融合成自我的统一的其他本能产生冲突。于是，前者通过压抑过程从统一的自我中分离，停留在较低层的心理发展阶段，开始失去一切被满足的可能性。就像被压抑的性本能那么容易地发生一样，假如它们迂回挣扎地得到了直接或者代替性的满足，那么那个在其他情况下会带来愉悦的事件，将会给自我带去不愉快的罪恶感。个体通过压抑，结束了旧冲突；这就导致了这样一个结果，当个体本能地想要依据快乐原则去获得新鲜的乐趣时[125]，新的冲突将会在快乐原则下产生。

这段话形容的当然是人类的心理，如果从弗洛伊德强调其涌动的、变化的能量的角度来说，它也可能是一台蒸汽机。几乎像他所有的作品一样，这是一种复杂的组合语言，充满了否定之否定和参与式的隐喻。尽管如此，我认为上述的摘录倒是很好地传递了弗洛伊德模型中

159

的真知灼见和盲点，至少从现代神经科学的角度来看是这样的。可以肯定的是，这篇文章并没有对弗洛伊德的心理理论进行全面的考察，比如部分内容与他职业生涯中其他阶段的作品相冲突。这是阅读弗洛伊德的书籍时会遇到的一个大问题，也是一大魅力之所在：在他智慧的一生中，他在好几个关键点上前后观点不一。上述片段摘自《超越快乐原则》，这本书正是这样一个转折点。弗洛伊德建立了一个快乐驱力的心理动力模型，索姆河一役中的那些退伍老兵在梦中不断重现战争的恐怖。单凭快乐原则无法解释这种行为，就好像弗洛伊德建立了一个大家喜欢吃甜食的理论，然后发现了一大批习惯吃海盐的人。因此，这一奇怪的"不快乐"的概念出现在这段话的结尾。

弗洛伊德在发展"不快乐"这一概念时所遵循的逻辑之路，有助于我们理解弗洛伊德模型在神经科学时代的发展。但要走这条路，我们需要读得更仔细。

弗洛伊德一开始提出了一个强有力的观点：充满这个器官的能量源于它的"先天本能冲动"。这是大脑的模块化理论，只是把外显的达尔文架构剥去或减弱了而已。本能驱使有机体，为它供应能量，或者更确切地说，是把脚踩在油门上。当然，本能和驱力在当时算不上是新闻，尼采（Nietzsche）在几十年前就提出了权力的意志（will to power），而叔本华（Schopenhauer）则比他更早。弗洛伊德融合了他们两人的观点后，进而提出：

> 在发展过程中，这样的事情一次又一次地发生：在目标或需求上，个体的本能或部分本能，与能融合成自我的统一的其他本能产生冲突。

弗洛伊德对"自我"的看法，就是他的"哥白尼思想"，与全世界的看法截然不同。这一看法问世后，经历了长时程衰退，在100年后，我们仍能感受到它的震撼。弗洛伊德不仅主张我们的行为是受本能的驱力所影响的，他还认为这些驱力常常相互冲突，这使得有意识的自我[126]不再是一个有控制权的主体，而更像是一个战场。如果某些驱力融合成"自我的统一体"，它们就具有了一种自由意志，使自我以看似理性或直觉的方式按主观意愿行事。可如果它们失去了自己独特的驱力，就会成为自我的透明部分，即所谓"统一体"。

　　弗洛伊德理论中的突破性，不仅仅是把自我视为混乱的竞争驱力，他还进一步提出：那些在竞争中失败的驱力，那些未能融入自我的驱力，并没有就此消失。它们就像一群一败涂地的人，渴望着再来一场比赛。因此，自我并不是自我的统一体的总和，它是所有冲出重围、竞争成功的驱力的总和。至于那些被打败的、没有被选上的驱力也一直存在，即使它们是下意识下的运作。按照弗洛伊德的理论，假如这些失败的驱力没有消失的话，那么它们到哪里去了？被延迟的驱力会发生什么？

　　这对弗洛伊德来说，真是一个价值6.4万美元的问题。在这一点上，他的心理模型完全符合近代对大脑内部情形的描述：一群不停竞争着对有机体的控制权的独立模块，每个模块都有自己的优先级驱动。根据具体情况，比如当我们的性欲本能促使我们向伴侣靠近，或者我们的恐惧反应使我们在突然的警报中僵住时，某些模块会胜利，并影响大脑当时的执行部分。当这些驱力促使你采取行动时，你不会感觉有某种外来的力量在支配你的大脑，它让你感觉是"你"在支配自己的大脑，就像你自己在经历着性的吸引或恐惧。弗洛伊德和现代脑科学在这一点上的区别，在于模块的数量和交互作用的本质。弗洛伊德把心理想象成一个只有少数作战力量的战场，其中大多数力量本质上是关于性的。而模块理论则认为，大脑中有几十个功能各异的工具在工作，而且是同心协力、相辅相成的，比如人脸识别装置、物体命名装置、危险检测装置等。虽然性本能是其中的一部分，但也只是一部分而已。

当其中一个模块占据你的注意力时，其他模块会发生什么？举个例子，当你正和你的妻子进行愉快的交谈，进行着微妙的心智阅读交流时，你的大脑被她的声调、她微妙的耸肩、她做出的鬼脸以及似笑非笑的表情迷住了。然后你听到，风刮过公寓玻璃的呼啸声，尽管你的妻子还在继续说话，但你的杏仁核启动了恐惧反应。你运转着的意识已不再被你妻子的言语占据，它开始被你坐得离窗户多么近的想法，被那一天风把窗户吹碎的回忆占据。当你妻子继续说话时，虽然你听到了她的声音，但你并没有真正听见。你的心智阅读模块关闭了吗，还是它仍然在工作，只是在你意识的雷达之下？假如是的话，它会因为被贬到意识之下而觉得沮丧吗？

弗洛伊德对这些问题的回答是建立在他的压抑概念上的。不能进入整体自我的动力会被压抑，并封锁在意识之外，但这会存在潜在的危险。

于是，前者通过压抑过程从统一的自我中分离，停留在较低层的心理发展阶段，开始失去一切被满足的可能性。

在弗洛伊德的模型中，当一个人找到了通往自我的道路，被满足的驱力会使他的自我充满快乐感。而受到压制的驱力因为被剥夺了创造快乐的可能性，于是就去找别的方法来达到它的目的。我们可以说心理分析的主要工作（即医生和病人面对的问题）在于，找出这种方法究竟是什么。

　　就像被压抑的性本能那么容易地发生一样，假如它们迂回挣扎地得到了直接或者代替性的满足，那么那个在其他情况下会带来愉悦的事件，将会给自我带去不愉快的罪恶感。

压抑不会导致驱力消失或化为虚无。相反，它创造了一种潜在的能量，虽然局限于潜意识中，却一直在寻找逃脱的方法。把这些驱力想象成一种被困在狭小空间中的压缩气体，这种气体试图通过墙壁上的裂缝或门下的开口逃脱束缚，当它逃脱出来时，就会像弗洛伊德式口误和梦境意象中泄露的东西一样。然而，当狭小空间里累积了足够的压力，整个事情就会爆发——变成失控的歇斯底里、焦虑和疯狂。

在这个类比中，心理分析师就像是当你闻到地下室煤气泄漏时，打电话给煤气公司，煤气公司派来检查的那个人。他带着一系列精确校准的传感器来到这里，凭着毕生经验在所有房间里寻找泄漏源。当你打电话给他时，你只模糊地感觉地下室可能有些不对劲，但他来了后不久，就明确地为你指出了气体泄漏的源头。你被压抑的驱力试图逃出来自我实现，有时它会伪装成光怪陆离的梦，或是无法控制的洗手行为。但无论它如何伪装、如何潜逃，医生都会在那里，为你画出它的逃跑路线。

而当你真正着手解决泄漏问题的时候，这个类比就站不住脚了。

精神分析模型中，只谈到了把它带入意识的光亮之下，让你知道煤气在泄漏。如果你能了解为什么你的驱力会变成压抑，它就不会再来折磨你。弗洛伊德写道，在进行分析之前，病人被迫一直重复着被压抑的事件，把它作为一种刚发生的体验，而不是像医生希望看到的那样，把它看成属于过去[127]的记忆。让受到压抑的驱力被曝光，就像是让吸血鬼暴露于阳光之下：让它们在正午太阳的照耀下灰飞烟灭。

所以这就是弗洛伊德模型大致的解说：一个驱力竞争的战场，落败者被推入地底，它们在那里策划着如何迂回地出逃。谈话疗法试图发掘这些驱力，从而削弱它们对心理的控制。受到这个模型影响的，并不只有心理分析领域——当今大多数流行心理学都是在这一框架下运作的，尽管它没有被明确地贴上弗洛伊德的标签。

那么，在现代脑科学的背景下，这个模型是如何运作的呢？弗洛伊德模型里的某些见解是很有价值的，如同100年前一样；但有些见解则需要用大脑生理学的语言来重新诠释，弗洛伊德无疑会对此感到兴奋。而那些过于武断的隐喻就可以被替换掉，不再使用。

弗洛伊德的哪些核心概念仍然有用呢？主要有两点：自我的分离以及潜意识的加工。你是你大脑里模块的总和，但你对自我的意识只是这个系统的一部分。在大脑的执行部分之下，事情变得更加复杂：有一群子系统负责登记传入的刺激，解释这些信息，对其本质进行情绪价值判断，并将新的信息与旧的记忆联系起来，维持你身体的内稳态平衡。在任何时候，执行部分都积极主动地聚焦于这些经过子系统选择后传递过来的信息。

当我写这段文字的时候，我的注意力大致被两件事情瓜分：一件是思考那些在我头脑中产生并在电脑屏幕上显现出来的词；另一件则是听背景环境中播放的熟悉歌曲。我隐约意识到手指触摸键盘时的触感，尽管定位正确键的过程已经变得如此自动化，以至于它已经下降到我的意识水平以下。我同时也隐约感到一种背景情绪：一个阳光灿烂的早晨，原本不错的适合工作的警觉性，由于咖啡因又稍稍提高了一些。用弗洛伊德的话语体系来说，我大脑的这些部分和自我的统一体紧密相连。但是在它们下面，一连串的心智活动在不停地运作：我的杏仁核在侦察低通道传入的模糊刺激，确定其中没有夹杂潜在威胁；我的脑干调节着我的呼吸、心率和血糖水平。其他模块由于经常使用，而不再被意识所注意：运动控制区域使我的手指轻松地在键盘上跳跃；语言技能使我在打字时几乎不必去想它是怎么拼的。我大脑中的这些特定功能模块正处理着这些知识。我可以不假思索地使用这些知识，它似乎很自然地就发生了，尽管打字和拼写都不是先天就有的技能。还有许多被我忽略的事物：马路上的车声、我的皮肤感受到空气的温度、我面前的亮黄色墙壁。我的感觉皮层正在处理外部世界输入的信息，但由于我专注于屏幕和音乐，在某种程度上，我感觉不到它。然而，如果警笛声开始有规律地增强，或者温度突然升高，我大脑内部就会发出警报，把适当的感知模块带入我的前景意识中。

所以，即使在你最专注的时刻，用伍尔夫的话来说，甚至在你最"率直、尖锐、坚定"的时刻，你仍然是一个分离的自我，是你大脑中各个模块的总和，其中一些模块上升进入自我的统一体，另一些模块则在幕后运作。这个帷幕及其背后隐藏的世界支持着弗洛伊德最具争议性的一个主张：我们的生活是由潜意识的精神活动塑造的。每时每刻，我们都会被那些不必直接向执行部分汇报的心智计算所影响。

我们不仅是分裂的自我，而且有些分支部分甚至没有出现在我们的内部雷达上，我们根本不知道它的存在。当弗洛伊德第一次提出它时，"潜意识"这一概念在19世纪90年代还是一个激进的概念；在许多方面，在21世纪的前几年，这一概念还是同样的激进。数十年的实证研究一次又一次地支持了这一基本原则，你可以通过各种途径感知这些子系统：冥想，或者花时间设计一些测试来梳理出心智的模块化本质，又或者你可以遵循弗洛伊德选择的道路——仔细地观察。

当然，潜意识并不完全像弗洛伊德想象的那样。它并不是充斥着被文明社会的限制所压制的乱伦[128]幻想（对于乱伦，弗洛伊德的看法完全是错误的：禁止与血亲同眠的原因是我们的DNA，而不是我们的文化）。事实上，大多数时候，潜意识所关心的事情并不像弗洛伊德所认为的那样令人兴奋。另一个与潜意识有关的词是"自动化"（automated）——你对操作某事太熟悉，甚至没有注意到自己在做它们。就像是当你想换挡时，你会踩在离合器上；或是弹钢琴音阶时，你会将中指越过大拇指去弹最后三个音。我们没有意识到这些决定或冲动，不是因为它们威胁到我们受文化束缚的自我，也不是因为它们太具有争论性，以至于心理无法直接处理。我们没有意识到，是因为我们有更要紧的事情要考虑。对大脑来说，把一些多次重复的事情变成自动化加工会更有效率。一些重要的任务（如不要停止呼吸，当一个物体突然掉落到你头顶要赶快退缩），最终都经由进化编码到我们的基因中了。但我们还是需要练习来学习日常的例行公事，如绑鞋带、打字、挥网球拍。

记忆研究人员称这种潜意识加工为"程序性记忆"（procedural

memory），它和"陈述性记忆"（declarative memory）相对。程序性记忆，比如知道如何骑自行车，而陈述性记忆，比如回想起你在七年级时从自行车上摔下来并摔断了手腕。就精神分析方面而言，简单的程序记忆显然不是那么有趣：手动挡汽车换挡时，你不必每次都有意识地思考该怎么换，这固然很好，但这种自动化行为并不能揭示你内心深处的人格。但是正如坎德尔指出[129]的那样，某些程序性记忆承载了大量的情绪重量：当你的大脑开始代表你对情境进行复杂的评估时，尽管没有明确的标准，却不再是简单地记忆重复性的任务；当你的杏仁核记录下"9·11"那天的晴空，并在几个月后的一个同样晴朗的日子里警告你潜在的危险时；当你的心智阅读工具在别人的眼睛里捕捉到一丝不值得信任的迹象时，即使你不清楚是哪一块肌肉抽搐传达了这种信息，更不明白为什么一次眼神闪烁会告诉你某人说话的真实性。这些与其说是程序性记忆，不如说是程序性价值判断，你未经任何深思熟虑就做出了判断。你已经知道这些心智计算的最终结果，比如我今天心神不宁，我不信任这个人，但理由是躲在帷幕后面的。

这些情绪信号可以被合理地描述为潜意识的驱力：虽然不清楚明确的原因，却是能推动你朝某个方向前进的力量。但它们是否因为被压抑而成了潜意识呢？这里是弗洛伊德模型开始行不通的地方。想想弗洛伊德对于退伍军人痛苦记忆重现的病例，要怎样大费周章才能自圆其说。不过在这之前，你需要接受两个前提条件。

第一个前提条件是，推动心理的驱力并不仅仅是为了寻求性快感。从达尔文的进化观点来看，性显然很重要，如果你没有找到伴侣进行交配，你的基因就不会传给下一代。但假如你在进入青春期前就被角马杀死了，你的基因仍旧传不下去。因此，我们的大脑进化出了这样一套系统，在奖励我们进行性行为的同时，也将我们推向了其他方向：走向友谊和家庭依恋的联结，以及远离众多潜在的威胁。而大脑让我们远离危险事物的方式，是让我们的大脑产生不愉快的感觉——压力、焦虑、恐惧。

第二个前提条件是，驱力与传入的刺激和存储的记忆之间有着自主的关系，与我们有意识的记忆的形成是不同的。想想杏仁核的低路和它对创伤性事件的闪光灯记忆；想想催产素让我们对爱人的面孔充满愉悦和满足的温暖感。当杏仁核记得几年前一次车祸发生后留下的零星细节，一个你已经忘记的细节，并不是说这个细节被压抑了，而是你的杏仁核想要保护你免受威胁，其中一种方法就是在你经历危险的时候尽可能多地记录细节。你的杏仁核捕捉这些细节，并不是因为创伤事件对你造成的创伤太大、无法处理，而是因为在某些特定的情况下，你的杏仁核比你有更好的记忆。

把这两个想法放在一起，也就是说，你的大脑有时通过释放不愉快的感觉来保护你，这种反应本身有时是由你有意识的记忆已经忘掉的事情所触发的，这对于为什么我们的大脑似乎被迫重温旧的创伤，是一个更简单的解释。这并不是一个被压抑的欲望让心理短路了，也不是什么自杀幻想，这是你的大脑在保护你。如果没有"9·11"事件在我脑中留下的对晴朗天气的恐惧，我可能也能活下去，但这种恐惧并不意味着我的大脑出现了故障，压抑了与晴朗天气存在某种联系的黑暗幻想。事实上，恰恰相反，我的杏仁核运作正常。它不是某种压制性的审查员，它更像是一个哨兵，在我的执行部分正常运作时保持警戒。

这些情绪的程序性记忆并不符合弗洛伊德模型中的压抑理论，但它们在治疗中仍有重要作用。基于心理学家丹尼尔·斯特恩（Daniel Stern）的研究，坎德尔认为，治疗的主要目标之一，很可能是巩固新的程序性记忆，用更积极的记忆取代有害的直觉反应（如恐惧症、情绪疏离）。例如，在创伤的情况下，你可以训练杏仁核不要一看到蛇或暴风雨要来就触发警铃。你对程序性记忆没有直接、有意识的控制，并不代表它们被压抑了，它们只是被自动化了而已。

如果你认为大脑的唯一驱力目标是尽可能多地与人（包括你的血亲）发生性关系，你就需要一个压抑的理论。假如这是你的模式的话，你就必须解释为什么人们有很多时间不做爱。这就是压抑产生的原因——阻止那些驱力得到满足。但是如果你认为大脑中充满了各式各样的驱力集合，比如对友谊、社会地位、安全、美感、新颖性，以及对乱伦的唾弃，那么你就不需要压抑模式。人们一生中的大部分时间不进行性行为的原因很简单：他们还有其他的需要去满足。就是在这里，弗洛伊德低估了自我分裂的程度。与弗洛伊德著名的那句话相反，自我并不是被两个主人所争夺，相反，它贯穿着超我和本我这两个相互竞争的驱力。现代神经科学已经把这两种力量的斗争变得复杂化，几乎无法辨认。即使是我们当中最理智的人，头脑中也有如此多的声音[130]，所有声音都在争着引起注意，我们能顺利做成任何一件事情都是一个奇迹。

我们大脑中的混乱骚动，让我们回到了先前关于被压抑的欲望[131]的问题上。那些听不见的声音发生了什么？它会像弗洛伊德想象的那样，再次回来困扰我们吗？这就是弗洛伊德的隐喻框架最终误导他的地方之一。如果你把大脑想象成一个蒸汽机，充满了寻求释放的能量，那么被压抑的驱力，要么储存在大脑的某个地方，要么找到间接的出口来释放自己。这是应用于心智的热力学第一定律：精神能量的守恒。

但如果你用另一个隐喻的话，一切都会改变：大脑是达尔文主义的生态系统[132]，而不是蒸汽机。这是神经学家格拉尔德·埃德尔曼（Gerald Edelman）提出的一个隐喻。埃德尔曼在 20 世纪 70 年代初因对免疫系统的研究获得了诺贝尔奖，后来他在大脑的研究上投入了很多精力。埃德尔曼认为，大脑和免疫系统的内部机制，是微观版本的自然选择。他把大脑中的模块想象成争夺宝贵资源的物种，在某些情况下，它们争夺的是整个生物体的控制权；在另一些情况下，它们争夺的是你的注意力。与其努力将基因传递给下一代，还不如努力将信息传递给其他神经元群，包括那些塑造你自我意识的神经元群。

　　想象一下，你正走在拥挤的城市街道上。当人们经过你身边时，你的面部识别模块会扫描他们的特征，寻找相匹配的面孔：朋友的脸，名人的脸，或者是一个失联已久的高中同学的脸。当你经过一家面包店时，你的嗅觉中枢会报告从烤箱中飘出的面包的味道，这个香味会激活你的饥饿中枢。一辆卡车突然鸣笛，通过低路向杏仁核发出一个闪光信号，杏仁核会发出一个小小的警报，提示你可能什么地方出了问题。当你走路的时候，你的大脑里充满了这些内在的声音，不断争夺着你的注意力。在任一时刻，其中的一些会被选中，而其他大多数都会被忽略。卡车的喇叭声可能会引起你轻微的退缩，你可能会想，你刚刚看到你的大学室友经过，但你可能过于全神贯注，完全没有注意到面包的味道或肚子在咕咕地叫。

　　在这个精神生态系统中，就像在现实的生态系统中一样，失败比比皆是。这是个好消息。你希望自己头脑中的所有模块尽最大努力说服你的执行部分去注意它；你希望让你的血糖得到监控、你的记忆被唤起，但你希望这些劝说行为在大多数时候都失败，因为这样你才可以分秒必争地专注于重要的议题上，也就是最有说服力的那些声音。在弗洛伊德式的蒸汽机中，压抑的驱动最终会找到一条实现的道路，即使沿途它会对个体造成损害。在弗洛伊德模型中，失败不是一种选择，但在达尔文的模型中，失败是成功的标志。

这是否意味着光怪陆离的梦的象征意义只是弗洛伊德的幻觉？如果潜意识的驱力可以在不造成任何进一步伤害的情况下消失，如果它们不再需要寻找其他的途径来表达自己，那么为什么梦中充满了情绪的表征呢？

事实上，弗洛伊德在这里的认知仍然是有价值的，虽然你还是得修正一下部分内容，才能让模型成立。你的梦，或转瞬即逝的想法，或口误，有时可能包含没有注意到的与充满情绪的记忆或欲望的联系，这些联系却具有披露性（正是因为它们没有被注意到，所以才具有披露性）。这些披露性的事件之所以发生，不是因为潜意识要求它们用暗语沟通来躲避超我的独断审查，它们的出现很重要的一个方面，是因为大脑是一个联想网络，思想和念头（如你五年级时实地考察的记忆、移情的概念、红的颜色）其实是由分布在你整个大脑的神经元群同步激活所产生的。同步放电的神经会形成联结，一支雪茄可能还是一支雪茄，但是它的形状会激活一些低层次的物体形状识别神经元，这些神经元跟看到阴茎时所激活的神经元有重叠的部分。这意味着，有的时候看到阴茎会让人联想到雪茄，反之亦然。如果我们的大脑没有这样的联结，我们就不会写诗，也无法进行大多数的抽象学习。

这些联系不是你潜意识在用暗语说话，它们更接近于自由联想。这些披露性的事件并不是某位杰出的密码破译者试图在不被敌人发现的情况下，将信息发送到前线的功劳，它们更像回声、回响。一个神经元群放电，许多其他神经元群也加入了这一行列。

那么，为什么我们如此多的自由联想会被充满情绪的话题所吸引呢？答案现在应该很明显了。我们的情绪和记忆被紧密地联系在一起：在强烈情绪影响下经历的记忆更容易被回忆起来，而情绪影响着我们的感觉，也影响着我们的记忆。总的来说，相较于中性情绪的记忆，我们更有可能记住富含情绪的记忆。在我们的梦中和清醒状态中，这种自由联想的天平向更具情绪性的想法倾斜，比如性高潮或沮丧的想法、突然的恐惧、社交友谊、亲子的爱和焦虑。换句话说，都是一些大问题。联想网络喜欢即兴重复，但它们也喜欢旧的标准。

这就带我们进入治愈的问题了。当我们重新审视这些充满情绪的记忆时，这些记忆是由心理分析师的问题引发的，还是由我们自己的内省引发的？这种暴露是否会减少记忆对我们的控制？它是否像弗洛伊德所描述的那样，帮助我们摆脱不断地重复过去，而是记住它？答案在于我们的情绪系统是否在唤起记忆的过程中再次被激活。如果当你想起过去的某件事时，你的情绪如潮水般涌上心头（如果你感到恐惧在内心膨胀，或者因悲伤而抽搐），那么你只是在增加记忆中情绪的负荷而已。在重新触发记忆的过程中，你了解到问题事件的情绪记忆为何如此强烈，在我们看来，以强烈的情绪重温那些情绪性的事件似乎是一种宣泄，但由于大脑的情绪和记忆系统相互作用的方式，重温这些事件只会使情绪和记忆纠缠得更为紧密。对于一些创伤性事件，你最好还是忘记。

但对于那些我们无法忘怀的事情呢？也许是因为它们强行回到我们的脑海中，也许是因为我们的日常生活里每天都能看见它们（就像我对窗户被风吹进来的记忆）。这就是谈话疗法的用武之地，脑科学可以很容易地解释这些原因。从重复到记忆的转变方式，就是联结你的大脑，在大脑中创造一个不再引起情绪反应的事件。从某种程度上说，我们回到了行为主义的领域，回到了声音诱发电击的实验。正如前文讨论的，如果你听到某个声音，然后受到一个电击，那么你会发展出对这个声音的恐惧。同样，假如你听到风声，然后窗户就掉落下来，下次当你听到风声时就会开始感到焦虑。要摆脱这个联结最好的方式是形成新的联结。每一次我听到风从我们公寓外刮过，我还会感到紧张，但是我的焦虑程度最近几年已经明显减轻了，因为我已经听过好几百次刮风的声音，但是窗户都没被吹落下来。慢慢地，风声在我大脑中就与安全（窗户奇迹般地留在窗框里）联结起来了。同样地，当你躺在治疗师的沙发上，在安全的环境中重新建构创伤性事件的记忆，通过这种方法，你重塑了你的神经联结［科学家对旧联结的消失有个很好听的达尔文理论的名词——"灭绝"（extinction）］。在治疗室里，你童年的创伤慢慢和治疗室中轻松的姿势、好看的室内装潢、舒服的感觉联结起来。这并不是说，了解你焦虑的来源会帮助你，而是重新经历创伤却没有负面的事情发生，于是新的联结形成的同时，也抑制了最初的情绪反应。我们回到了重新整合的观点：当我们重温一段记忆时，我们在这个过程中创造了一个新的记忆，有了新的联结，我们记忆中的过去都被现在改变了。

值得指出的是，适用于消极情绪记忆的方法也适用于积极情绪记忆。如果你想减少创伤记忆的力量，不要无休止地回忆它，而要积极地尝试在这个过程中建立新的联系。如果你只是一遍又一遍地唤起这种情绪反应，你只会给自己挖一个更深的洞。积极的情绪记忆（事业上的成功、性的亲密、社会联系）和消极情绪记忆的运作机制是一样的，当然，我们通常希望积极的记忆对我们的生活有更大的影响。

可以把这看作在回味神经化学的论点[133]。假如你出了车祸，那么在往后的几个星期里，你会尽可能地（包括服用 β-受体阻滞剂）避免回忆这一事件，以免再次激发"战斗或逃跑"反应。但是假如你赢了一个大奖，或是与老朋友聊得很开心，或是写了几年的小说终于发表了，总之是发生了让你异常快乐的事情，那么在接下来的几周时间里，你会不断回味这段经历，提醒自己它所带给你的愉悦感受。通过这样做，你在大脑中创造了一种良性的反馈循环：你加深了记忆的情绪分量，从而使它更可能影响你的思想和行为。

有一个典型的刻板印象，那就是长期拥有超常成就者从不满足于他最近的成功，并且总是在为下一个成功而奋斗。但我怀疑，大多数成功的人真正享受成功，并寻求更多的成功，是因为他们喜欢成功带给他们的感觉。假如你得到了一个好消息，你要学会享受它，回味它。

我们保留了弗洛伊德模型的核心观点：分裂[134]的自我和潜意识。但他的主导型隐喻改变了：大脑比较像查尔斯·达尔文（Charles Darwin）所说的那样，而非詹姆斯·瓦特（James Watt）所主张的那样，也就是说，它更像是生态系统，而非蒸汽机。我们的潜意识思想并没有被严格的审查者压抑，它们激发出的许多不愉快的感觉，其实是心理正常运作的表现，而不是心理功能失调的表现。大脑更像是在做自由联想，而不是在用暗语说话，虽然自由联想的结果常常会引起充满情绪的回忆。对于这些充满情绪的回忆，大脑需要做的，不仅仅是通过了解它们的起源来摆脱它们，还需要建立新的情绪联系。

如果这是弗洛伊德的新隐喻，那么它的名字应该叫什么？弗洛伊德把心理拆成了三个层次：本我、自我和超我（大致与潜意识、意识和前意识概念平行）。如果我们尝试把弗洛伊德的脚本改编成符合神经学的内容，谁会是新的主角呢？

与弗洛伊德最接近的大众心理学版本是左脑、右脑的分裂，尽管我们有这两个大脑半球，它们也很重要，但还是不足以占据舞台中心的位置。你的左、右脑之间肯定存在着某种重要的分工，语言功能也的确主要在左脑。但是大脑两个半球之间也存在着大量的冗余和共享的功能，更不用说胼胝体联结了两个大脑半球，使两边有广泛的交流。两个大脑半球可以看成自我的两个不同的层面：一个在语言上更具天赋，另一个在空间逻辑上更好。

在神经解剖学上，与弗洛伊德的本我、自我、超我最接近的是"三位一体的脑"（triune brain）[135]，由保罗·麦克莱恩（Paul Maclean）在半个世纪前提出。麦克莱恩从进化论和地形图的角度来看待大脑。弗洛伊德在《文明及其不满》（*Civilization and Its Discontents*）一书中曾用过这样一个隐喻：我们的大脑像是考古学家的挖掘现场，同一个地点埋藏着一层一层不同时代的文明遗迹，你挖得越深，显露出来的遗迹越古老。挖到最深层时，就露出了爬行动物脑——也就是控制我们身体基本新陈代谢功能如呼吸、心跳的脑干。脑干负责所有原始的本能和重复的行为，却无法处理复杂的情绪或类似真实思想的念头。

三位一体大脑的第二层被称为"古哺乳类动物脑"，也就是人所共知的边缘系统[136]。这是情绪和记忆的所在地，主要包括杏仁核、海马和下丘脑。我们的主要情绪——爱和恐惧、悲伤和快乐——从这个区域涌现出来，用我们存储在海马或杏仁核中的过去事件给新输入的刺激渲染上情绪的色彩。我们与大多数哺乳类动物都有这种结构，这也是我们能够与其他哺乳类动物（如狗或马）形成强大社会联系的一个原因，更不用说我们的近亲黑猩猩了。作为宠物，狗和猫远比蜥蜴和蛇更受欢迎，因为前者似乎有更多的情绪变化。当我们感觉到其他哺乳类动物的情绪复杂性时，我们检测到了它们大脑中边缘系统的存在。

在脑干和边缘系统的顶部堆叠的是新皮层，新皮层就像是自行车头盔里的海绵衬垫一样散布在大脑表面，这是人类最特殊的大脑结构。尽管老鼠和其他哺乳类动物的大脑中也存在极其小的皮质，但只有我们的灵长类近亲才有类似的体积。当我们因为长期的利益而改变眼前的行为，当我们用复杂的句子进行沟通交流，当我们在做抽象思考时，也就是当我们展现出人类的智慧时，我们都在用新皮层。

在过去的50年里，麦克莱恩的模型运行得非常好。基本的进化的故事，即从脑干到新皮层，从爬行动物到哺乳类动物再到灵长类动物的进化过程，如今已经被广泛接受。在三位一体大脑的三个主要角色中，边缘系统仍然是最具争议性的。一些科学家同意对其功能的一般描述，但不认为它是一个合理的系统。当然，新皮层的理性能力和边缘系统的情感判断之间存在着很多交互作用。正如达马西奥多年来充分证明的那样，情绪中枢受损[137]的人往往无法做出理性的决策，因为我们的情绪中枢会抢先针对情境提供快速、直觉的反应，而纯理性的大脑要思考好几个小时才能做完评估。记忆也使边缘系统模式复杂化，因为记忆对情绪及理性加工都非常重要。事实上，边缘理论最初的一大挑战源于对海马损伤患者的研究，由于海马在长期记忆形成中的作用，海马损伤会导致严重的认知问题。

像任何复杂的考古遗址一样，麦克莱恩的大脑历史地图也有其争议点。如果我们的大脑像三个独立的城镇，堆叠于彼此之上，那么一些建筑很可能被来自两个不同时代的居民所使用，而且古老的定居点和新的定居点之间的界限可能比我们原先想象的要模糊。但从脑干到边缘系统，再到新皮层的一般过程，正如美国生物学家爱德华·威尔逊（Edward Wilson）所说，从心跳（heartbeat）到心弦（heartstrings）[138]，再到漫不经心（heartless），无疑是对心理内部分离情况的一个更正确的评估，至少比本我、自我、超我的古老神话要好。

在这个新的大脑地形图中，有一些重要的中枢，其中大部分我们在前面的几页中已经探讨过了：杏仁核、海马、新皮层额叶区的"执行大脑"。但是对于人们了解大脑而言，同样重要的是情绪和情感分子：催产素、皮质醇、5-羟色胺等。这些化学物质构成了大脑价值体系的原材料。从某种意义上说，它们与弗洛伊德的心智能量的观点最为接近。假如我们要用现代脑科学的方式重新诠释弗洛伊德关于自我的言论，上述化学物质及其作用必定会是我们使用的一部分词汇。5-羟色胺和拒绝敏感性及社交自信有关；多巴胺和探索驱力有关，即使不能带来愉悦感也要去追求；皮质醇和紧张有关；内啡肽和幸福有关；催产素和产生情绪联结的驱力有关；肾上腺素和精力暴涨有关。这些都是你大脑内部药箱中的药物，你的大脑依靠它们来促使你去达到某些目标，或者避开其他目标。

所有拥有正常大脑的人，都有幸共享这种化学物质，但问题仍然存在：哪种化学物质在什么时候分泌出来？我们的人格（让我们既是独立的，又是可预测的个体）源自这些化学物质的释放模式。我之所以成为"我"，有一部分原因是我的大脑在我讲笑话、别人大笑时会分泌肾上腺素，而天气晴朗时会分泌皮质醇，当我站在婴儿床旁边看着儿子睡觉时会分泌内啡肽。无论这种联结源自基因设定，或者是生活经验，又或者是两者的混合都没有关系，最关键的是输入的刺激与它们所激发出来的神经活动模式：你的大脑从外界，或者是从你的想象或记忆中接收到特定形态的感官数据，这个形态激发了你大脑中的神经化学反应。

模式识别，而不是密码破译，这可能是描述 21 世纪弗洛伊德和原始弗洛伊德之间差异的最简单方法。这两种方式其实可以兼容并存，毕竟你需要模式识别的工具才能破译密码。但是，破译密码需要更进一步，将编码的消息转换回原始形式。事实上，我大脑中的这些模式并没有隐藏一个经严格审查后可以发现的秘密含义，即它们没有象征性的意义，它们不会用密码说话。我对风的恐惧并不意味着我童年时有着某种被压抑的焦虑感，而是来自我的杏仁核在那个六月的下午，风呼啸着把碎玻璃吹起的印记。事实上，这里有两种模式，一种是最初的事件链；另一种是感觉—神经化学链（听见风声，引发恐惧反应），它在我的大脑中重复了很多次，以至于变得不可动摇。了解一些关于我大脑内部的知识，能够帮助我更清楚地看到这种模式。但想要清楚地看到这种模式，并不意味着我需要发现一些更深层次的含义，就像埋在一盒麦片里的奖品。

很有可能，即便学会了识别这些模式，你也不能让它们激发的感觉消失。不过如果你对你大脑中的化学物质有所了解，你就能矫正它们诱使你产生的偏见。所以当你坐下来计算你的账目收支是否平衡时，你觉得自己的 5-羟色胺水平升高，你开始意识到，在它的影响下，你会比较容易地认为杯子是半满的，即更乐观；就像你带着较高的皮质醇水平去见会计师，你可能会想把你的头塞进烤箱里。这两个观点都不是对现实世界的准确评估，它们都包含着各自的解释倾向。但是在你处于它们的影响下，不论你是用意志力还是解开它们的隐秘含义，都无法让这些感觉消失。你能做的是，识别出大脑化学物质释放的模式，假如你的反应在当时的情境下不太恰当，你可以采取措施进行弥补以降低化学物质的影响。

所以这就是你具有的多样性的大脑，你有一部分是爬行动物，一部分是哺乳类动物，一部分是灵长类动物，还有一部分是人类。你被杏仁核、多巴胺和催产素影响着；你是一系列由你的基因和生活经验共同编制的异常复杂的联结和联系；你是一群神经元同步放电引发的行进着的模式和波形的集合。

大多数时候，当我和那些没有关注脑科学最新发展的人谈论这种心智愿景时，他们的反应都是感兴趣和认可的。他们频频点头，似乎立刻就了解了我在说什么。但也有相当一部分人对此有另一种反应。当我谈论大脑的子系统时，你可以看到他们有轻微的退缩，就好像我在描述一些令人不安的东西。他们的想法让人头晕目眩：你看到自己的心智像是一个电化学网格，所有这些独立的模块在你的意识表面下翻滚，世界开始摇晃。

弗洛伊德的心理模式对他早期的听众也有类似的影响。在创作《超越快乐原则》的过程中，弗洛伊德写了一篇简短而神秘的文章叫《怪怖者》（*The Uncanny*）。这篇文章对《超越快乐原则》中的一些一般性主题（如强迫性重复、死亡驱力）进行了思考，但最终着眼于我们为什么会被奇怪的巧合与迷信吓倒。当我们发现一些不可思议的事情，比如同样的数字在一天的不同情境中反复出现了几次；或是在照镜子时有一两秒的时间认不出自己，这种感觉从何而来？在这篇文章中，弗洛伊德写道："当我听到别人说，心理分析本身就是不可思议的事时，我并不会感到惊讶，因为它本来就与揭露这些隐藏的力量有关。有一次，在我花了很长时间治愈了一个久病缠身的女孩后，我亲耳听到这个女孩子的母亲在她康复之后[139]说心理分析很神奇。"

我认为这种不可思议的反应是有价值的。事实上，我曾经亲身尝试过。大多数时候，我怀疑我在走路时，大脑的两个心智模式中只有一个占据着我的意识：要么是直觉、统一的自我，要么是模块的神经元大脑。现在，我可以较容易地在这两种模式之间来回切换。但时不时地，我脑海中会同时浮现这两个模式：我是我，我同时也是一大堆神经元。这就是我觉得不可思议的时候。这是一个很诚实的感觉，心智感觉到了它体现出的基本矛盾——你既是一个，又是很多。

对这些想法还有另一种反应，不过我比较不喜欢，这种反应有点去神秘化，有些过于简化，有些耗尽灵魂或缺乏艺术感。应该由诗人和哲学家来解释我们的精神生活，而不是用功能性磁共振成像机器。借用由牛津大学教授理查德·道金斯（Richard Dawkins）提供的济慈的一句名言，如果把我们变成一组行走的神经网络，就相当于把一个神奇的东西简化成一个粗糙的机器。

我认为这种反应是错误的，有两个原因。第一，因为现代大脑科学中有很多神奇的技术和机器能够窥视你的大脑，看到那些血流和电活动的微观模式，看到你自己在真正的神经元水平上的思考——这种景象与魔法没有什么区别。在自然界中，没有哪个魔法师的把戏比人脑在几十个相互竞争的神经系统中创造一种统一的自我意识这件事更神奇了。你对大脑的工作原理了解得越多，你就越觉得这个器官很神奇。你对大脑了解得越多，你就越能理解在那些不可思议的相互联结的神经元及其放电模式中，记录你自己生命的独特轮廓是一件多么精细的工作。人类的大脑具有共同的结构，甚至与灵长类及爬行类动物也有相似的部分，探索这些共同点是令人兴奋的。但是这一结构中，还有一部分是进化出来记录和放大个体差异的，是我们个体人生独特轨迹的印记。

当我看着儿子睡觉，当我凝视着他的婴儿床时，我感受到大脑中的阿片类物质释放带来的满足感，这种体验的奇妙之处在于，它与哺乳类动物的历史和它们进化出来的育儿方式相关，这是哺育本能的奇迹。但另一个令人惊奇的地方在于，我的视觉皮层中，这种精确的神经元放电模式只属于我，这种放电模式与夜灯下或明或暗的婴儿脸部柔和的线条相对应。在这样的时刻，如果对大脑化学物质有所了解，你会将你脑中创造出孩子图像的神经元集合联结起来，与你所有的祖先和他们的父母之间的情感联结起来。用达尔文的一句名言来说，从这一点来看生命，如果都算不上伟大，那么伟大就没有意义。站在黑暗中的婴儿床边，对爱从何而来有更多的了解，并没有减少我对儿子的爱。

我认为去神秘化论点错误的第二个原因是有关还原论（reductionism）的。当人们抱怨科学或生物学解释人类行为时，经常会说到的一点是，科学将人类的复杂行为还原成了生物学的组成部件，而在这种还原的过程中，某些本质的东西被丢失了。彩虹变成了反射出来的光，大脑变成了一盒相互竞争的模块。当然，任何曾经花点时间读过脑科学文献的人都知道目前大脑功能的模型非常复杂，很难做到粗略地将其简化。脑功能远比弗洛伊德的思想理论复杂，也远比莎士比亚或亚里士多德的思想理论复杂。个体的脑当然会比任何描述它们的理论都要复杂，因此在建构脑功能模型时，有必要进行从个体到模型的还原。实际上，任何一个试图解释心智行为的方式都是如此，不论它是以十四行诗的方式、哲学论述的方式，还是《新英格兰医学杂志》（*New England Journal of Medicine*）的同行评议论文形式进行。

从某种意义上看，这里的有关还原论的争论，其实与对生物决定论的批判很相近，都是关于进化心理学和先天—后天的划分。有些人认为，任何用科学的工具去研究人类心理的尝试，都是对人文领域的侵犯，穿白衣的实验者渗透到了诗人、历史学家和社会学家的圈子中。因为人类的心智创造了文化，所以应该由文化的创造者而不是科学家来探索心智的内在生活。但这种批评只有在科学家们提议完全废除文化解释的情况下才有效。

然而科学家并未如此。科学家提出来的，也是这本书想帮忙带来的，是这两个领域之间的桥梁：生物与社会、先天与后天、科学与人文。这里，我们又回到了亨利·詹姆斯和他的鉴别力。詹姆斯和其他古典小说家让我们看到了行为的模式，看到了我们的心智与世界接触的模式。脑科学可以做到如此，它可以通过聚焦于你头脑中设定的神经元集群，通过神经反馈仪器或大脑影像技术，或是通过简单地教你如何聆听你的内在活动，来发现某些化学物质的释放或某种认知模块的运作。了解我们大脑的生物运作方式可以让文化的成就更为鲜明，它也可使社会变得更好。仅仅因为我们的心智模块涉及政治议题（比如，涉及信任、社会联系、压力和焦虑），并不是把我们的社会控制权交给进化心理学家或神经科学家的理由。把生物的看法纳入人类社会的讨论，并不会剥夺其他解释的有效性。像 E.O. 威尔逊（E.O. Wilson）所提出的就不是生物决定论，而是生物一致性：把不同经验层联系起来，每一层都有自己独特的词汇和专业知识，但每一层都有上、下层的联系。史蒂文·平克（Steven Pinker）将其描述得非常好：

好的还原论（又被称为等级还原论）并不是将一个知识领域替换另一个知识领域，而是将它们联系或统一起来。一个领域的建筑规则被另一个领域放置在显微镜下观察，于是黑盒子就被打开了，所承诺的事情被兑现了。一位地理学家可能会这样解释非洲的海岸线与美洲的海岸线相吻合的原因，他说，这些陆地曾经是相邻的，但却坐落在不同的板块上，后来它们随着这些板块漂移分开了。板块移动的原因又被交给了地质学家，地质学家解释为，上涌的岩浆把它们分开。至于岩浆是如何变得如此炙热的，他们请来了物理学家解释地核和地幔内发生的反应。上述各个不同领域的科学家缺一不可。如果只有地理学家，他只能用"这是一个奇迹"来解释这两块大陆为什么会分开，如果只有物理学家也没有办法预测南美洲的形状[140]。

这种融会贯通的做法并不是说，每一个写自传的作家都要从多细胞有机体的出现谈起，或是解释印象派的兴起要从光的物理开始谈。如果真的如此，那么每一本书都得从宇宙大爆炸讲起，你永远也论述不到你想论述的那一点。传统的叙事法对只解释一个层次的事件非常有效，好消息是，书店和图书馆里有大量的这类图书，但这种叙事方式只是故事的一部分。并没有证据显示，人类不能建立一条连贯的链条来全面地解释社会中的自我：神经科学家解释大脑中潜在的电化学网络的功能；进化心理学家解释这些网络如何以及为什么创造了先备学习（prepared learning）或本能；社会学家解释这些通道聚集在一起，形成一大群的个体心智时会发生什么；政治学家及道德领袖探索建构社会的最佳方式，以协调群体的行为模式和个体的需求；历史学家告诉我们，所有这些不同的文明最终是如何被历史的轮盘碾压的。

在这个链条中加入一些生物学知识并不会改变它原有的进程，也不会把我们变成神经元或 DNA 的奴隶。事实上，生物学知识的解释可能会使我们的文化系统更加有效，因为它可以为我们阐明有用路径去探索，或者指出阻力过多的区域。我们越了解自己的天性，就能越好地培养自己。

脑是人类文化的开始，这使得文化成了脑生理学的分支，就像藤蔓上的花朵，虽然这些花比支持它们的系统更美丽，但它们仍然是由这个系统塑造的。要捕捉我们生命的真实故事，我们必须超越花朵，超越诗歌、哲学家和亨利·詹姆斯的小说，深入脑本身真实的层次。这个可能性可以说是我们这个时代的伟大奇迹之一。心智现在已经敞开在我们面前，这是过去所有诗人、哲学家都不敢梦想的。既然心智之门已经打开，我们何不进去一探究竟呢？

注释

序　言

1. "本书的构思"：关于书名的说明。脑科学和心理学中所使用的"心智"和"脑"之间有着公认的一大区别。"心智"指的是我们可以直接感受到的体验——驱力、感觉、恐惧、记忆，而"脑"则是幕后的一切：神经元、神经递质和突触。借用我上一本书中的话说，思考"心智"与"脑"二者之间关系的一种方式是，把心智看作脑的一种自然属性：整体大于部分之和。这两个层次之间的联系仍然很神秘，但近年来二者间已经建立了许多坚实的桥梁，不仅限于我们谈论的恐惧、记忆、注意力和爱。我努力把这本书的内容建立在牢不可破的研究结果之上，尽管我也在适当的地方加入了一些推测性的研究。我毫不犹豫地从心智层面跳到脑层面，然后再回到心智层面——在某种程度上，我的观点是，这种层次跳跃有助于提升个人的洞察力。因此，本书并不是要暗示我们去关注心智而非脑，而是敞开心智，让我们从新的角度来看待脑的活动。

2. "快乐的感觉"：科兹维尔，149。

3. "大脑就像指纹"："猴子被训练使用特定的手指解决一项行为任务时，负责那一特定手指运动的皮层区域会逐渐扩大。这也有助于解释一个有抱负的钢琴家是如何逐渐成为一个娴熟的艺术家的，实验现已证明：习惯使用右手的吉他手在他们的大脑左半球有着更丰富的皮层表征。但是这种可塑性并没有回答我们，为什么人类大脑中控制手指的区域跨越了不同的个体和种族，都在大脑中基本相同的位置。对于人类而言，控制手指的区域在太阳穴下面靠近耳尖的脑区，而控制身体其他部分的脑区位于中央前回和中央后回附近的组织上（而且是上下颠倒的，屁股朝上、头朝下，就好像一个人正在被打屁股一样）。用于身体表征的皮层区域以某种目前未知的方式，在所有哺乳类动物的相同基因内进行编码。"潘克赛普，16。

4. "更像是一个管弦乐队"：这个比喻借用了吉姆·罗宾斯（Jim Robbins）关于神经反馈运动历史的优秀著作——《脑内交响曲》（A Symphony in the Brain）。

5. "神经化学物质释放"："构成感觉基础的神经模式的集合可分为两类生物变化：与身体状态有关的变化和与认知状态有关的变化。与身体状态有关的变化可以通过两种机制来实现，其中一种机制涉及我所说的'体循环'，它同时利用了体液信号（通过血液传递的化学信息）和神经信号（通过神经通路传递的电化学信息）。人的身体状态会根据这两种类型的信号发生改变，并随后表现在中枢神经系统的体感结构上，从脑干向上……当情绪过程导致基底前脑、下丘脑和脑干核团中某些化学物质的分泌，并随后将这些物质传递到大脑的其他几个区域时，就会产生与认知状态相关的变化。当这些核团在大脑皮层、丘脑和基底神经节中释放神经调质时，它们会引起大脑功能的一系列重大改变。"达马西奥，1998，281。

6. "特定区域"："……大脑能够诱发情绪的脑区数量很少。它们大多位于大脑皮层以下，被称为皮层下区域。皮层下区域主要位于脑干区域、下丘脑和基底前脑。例如，被称为中脑导水管周围灰质（PAG）的区域，它是情绪反应的主要协调者。PAG通过网状结构的运动核团和颅内神经核团（如迷走神经核）起作用。另一个重要的皮层下区域是杏仁核。大脑皮层的感应区域，包括前扣带区和腹内侧前额叶区。"达马西奥，1998，60-62。

7. "你所感受到的情绪"：这本书中提到的一件最重要的事就是人们对情绪神经科学（有时也被称为"情感神经科学"）产生了井喷式的兴趣。当然，在书中，我也探索了其他主题，但如果没有真正的情绪研究，脑科学帮助你了解"你自己"的想法听起来并不真实（除非你是史波克先生）。我认为，我在这里的论证是对科学地探究情绪脑的一种颂扬。约瑟夫·勒杜、安东尼奥·达马西奥和雅克·潘克赛普的作品对我有着特别的教育意义。

8. "一种叫作'皮质醇'的物质"："许多患有严重抑郁症的成年人体内的皮质醇水平（血液中的激素含量）很高。尸检通常显示，死于自杀的成年人肾上腺增大。根据影像学研究，大约三分之一的抑郁症患者也存在肾上腺增大的情况。简单地说，升高的、无法抑制的皮质醇水平可能是抑郁的一个标志。皮质醇水平升高甚至可能会导致某些抑郁症状。肾上腺远离大脑，研究人员最感兴趣的不是肾上腺产生的皮质醇，而是大脑中刺激肾上腺的物质。这类激素是级联的；一个大脑中枢刺激另一个大脑中枢，以此类推，直到释放出一种激素，导致肾上腺产生并释放皮质醇。级联反应的顶端是大脑中产生的一种物质，被称为促肾上腺皮质激素释放因子（CRF）。在受到压力的老鼠的大脑中，可以测量到CRF水平的升高——这就是压力和抑郁的同源模型出现的地方。"克莱默，115–16。

9. "截然不同的速度"："肽类是一类广泛存在于大脑中的慢性调节物质。它们由许多氨基酸组成，是比简单的氨基酸（如谷氨酸或GABA–氨基丁酸）更大的分子。由于肽类通常与谷氨酸或GABA–氨基丁酸（但在它们各自的存储室中）存在于同一个轴突末端，所以当动作电位沿轴突向下传导时，它们与快速递质一起释放出来……但肽类与不同的突触后受体结合，增强或降低其释放的快速递质的作用。然而，由于肽类对突触后位点的影响较慢且持续时间较长，因此它们对随后的快速递质产生的影响更大。根据受体的不同，谷氨酸和GABA–氨基丁酸也会有缓慢和快速的调节，这取决于涉及的受体，肽类通常只有缓慢的调节作用。它们可以极大地影响细胞被其他输入信号激活的能力，但不能精确地定时。"勒杜，2002，57。

10. "感觉在你体内依旧存在"：这种感觉大多发生在身体上，而不是大脑中。"在场景中，形成关键方面的心理意象（如与久违的朋友的相遇、同事的死亡）之后，身体状态的变化是由身体不同部位的变化决定的。如果你想象自己遇见了一个老朋友，你的心跳可能会加速，皮肤可能会泛红，面部肌肉会在嘴角和眼睛周围发生变化、做出一个开心的表情，而其他部位的肌肉会放松。如果你听到一个熟人的死讯，你的心脏可能会怦怦乱跳，嘴巴可能会发干，皮肤可能会发白，内脏可能会收缩，颈部和背部的肌肉可能会紧张起来，而你的面部肌肉准备做出一个悲伤的表情。无论是哪种情况，脏器、骨骼肌和内分泌腺的功能参数都会发生变化。"达马西奥，1995，135。

11. "对发生之事的感觉"：达马西奥，1999。

12. "将其称为'感受性'"："感受性，对我们每个人来说，都是高阶意识的再认知，即在每一种感觉形态中，或感觉形态间的概念组合中，都承载着价值感知关系。它们对我们自身来说更直观。这组关系通常与价值联系在一起，但并不总是如此。由于没有时间限制，我们可以通过痛苦的自我或快乐的自我来对某个非凡的状态进行时间定位。语言的存在极大地提高了辨别能力。"埃德尔曼，1992，136。

13. "现今的意识理论"：对于一些令人兴奋的，有时也是令人眩晕的意识探索，参见达马西奥的《感受发生的一切》(*The Feeling of What Happens*)、丹尼特（Dennett）的《意识的解释》(*Consciousness Explained*)、泰勒（Taylor）的《意识的竞赛》(*The Race for Consciousness*)，以及彭罗斯（Penrose）的《皇帝的新脑》(*The Emperor's New Mind*)。

14. "同源的"：勒杜在《突触自我》(*Synaptic Self*)一书中令人钦佩地阐述了这一点："让我们从一个事实开始：人们不是预先组装起来的，而是被生活黏合在一起的。每当我们的一部分被构造出来，都会有一个不同的结果出现。其中一个原因是，我们生来就具备不同的基因；另一个原因是，我们拥有不同的经历。有趣的是，这种说法并不是说先天和后天共同塑造了我们，而是说它们实际上使用的是同一种语言。它们都是通过塑造大脑的突触组织对我们的心理和行为产生影响……一个人大脑中突触联结的特定模式，以及这些联结所编码的信息，是决定这个人是谁的关键。"勒杜，2002，22。

15. "服用的药物不同"："在发育过程中，人体有一种机制会导致男孩和女孩的大脑分化。Y 染色体会刺激男性胎儿睾丸的生长，从而分泌雄激素（androgens），这是一种典型的雄性激素（包括睾酮）。雄激素在胎儿发育、出生后的几个月和青春期均对脑有持续的影响，而在其他时候，只有短暂的影响。雌激素是一种典型的雌性激素，它也会终生影响着脑。性激素受体位于下丘脑、海马、大脑边缘系统的杏仁核以及大脑皮层。"平克，2002，281。

16. "政治凌驾于科学之上"：如果你发现男性和女性大脑在生理差异方面令人不安，请记住这两点。第一点，我们在这里讨论的是平均情况，而非绝对真理。一般来说，男人相较女人更容易有暴力倾向，但是也会有某个女人比某个男人更暴力。第二点，或许是更重要的一点，脑科学家所描述的倾向并不是一成不变的。大多数进化心理学家回避"本能"这个词，恰恰是因为它意味着某种固定的、无可避免的东西。取而代之的是，他们使用"先备学习"一词。自然选择并没有给行为提供严格的剧本，相反，它提供了提示和线索。一方面，我们发现学习那些符合我们天性的策略，要比学习那些不适用于我们祖先的生存环境的策略更容易。你必须去学校里学习如何阅读，但是没有人去学校学习如何读懂面部表情，尽管后者是一种非常复杂的技巧。另一方面，我们准备学习的任何事物在适当的情况下都有可能被遗忘。我们准备学习某种行为的事实，并不能说明这种行为的社会价值或政治价值。男人可能有暴力倾向，但这并不意味着，我们所处的社会必须接受暴力。我们一直在克服所谓的本能，这并未受到任何政治因素的影响。我们坐飞机，我们坐在摩天大楼里工作，尽管自然选择让我们害怕高度，但这并不意味着，坐飞机在3万英尺（译者注：约1万米，飞机通常的飞行高度）高空飞行是不道德的。这只是比在地面上（自然选择希望我们待的地方）的生存更难而已。

17. "'长时程衰退'测试"：彼得·克莱默的《神奇百忧解》一书精确阐述了这种长时程衰退的方法——探索药物如何改变大脑中5-羟色胺的可用性，反过来也改变了我们作为个体看待自己的方式，以及社会看待我们的方式。"我们可能会更清楚地意识到自己的自信感或沮丧感，注意到它们是如何对我们所在的社会环境做出反应的，比如掌声是如何增加我们的信心，损失又带给我们怎样的毁灭性的打击。毫无疑问，我们会为自己的抑郁症而担忧，就像我们曾经担忧致癌物质一样：它们会造成隐性伤害吗？不可靠的情人会激怒我们——他不仅会伤害我们的心灵，还会伤害我们的身体。如果我们假设这两者基本相同，我们把配偶看作化学物质级联中的第一神经递质，他使我们的5-羟色胺保持在高水平。我们敏锐地意识到我们的脾性，我们的心理伤疤，我们的动物本性。在评估自己和他人时，我们发现自己关注的是一些奇怪的类别：反应性、孤独感、风险和压力、性格特征、心境恶劣和情感高涨人格。我们知道，我们对生物学范畴的依赖远远超过了证据本身所显示的那样，但我们几乎无法自救。"克莱默，296。

第一章　心智的视角

18. "这种现象称为'心智阅读'"：心智阅读是本书一直在探索的主题，参见巴伦-科恩，1999。

19. "心智阅读能力是与生俱来的"：我认为这个过程就像被贝尔托·布莱希特（Bertolt Brecht）称为"陌生化效果"（distanceation effect）的一种喜剧技巧。在布莱希特看来，激进的戏剧应该使我们远离太过熟悉的社会结构，让我们用新的眼光来看待这些结构。在这本书中，我们一遍又一遍地做着同样的事情，涉及我们长期以来习以为常，以至于不再关注的人类经验的方方面面。这是艺术的目标与脑科学课程并行的方式之一，在某种意义上，它们都是为了让你跳出你的脑，以便更好地看到你的脑。

20. "镜像神经元"：参见 V. S. 拉马钱德兰（V. S. Ramachandran）对于镜像神经元及其进化意义的引人入胜的综述——《镜像神经元与模仿学习是人类进化大跃进的原动力》（*Mirror Neurons and Imitation Learning as the Driving Force Behind "the Great Leap Forward" in Human Evolution*），存档于 www.edge.org/documents/archive/edge69.html。

21. "语言起源"：里佐拉蒂（Rizzolatti）和阿尔比布（Arbib），1998。

22. "聋盲的儿童"：威尔逊，153。

23. "加利福尼亚大学旧金山分校的心理学家保罗·埃克曼"：埃克曼在 1998 年出版的《人和动物的情感表达》一书的后记中，对他所做的关于面部表情普遍性的研究做了很有启发性的描述，其中包括与玛格丽特·米德（Margaret Mead）的一次重大冲突。

24. "杜兴式微笑"：达尔文，1998，203。

25. "中风患者的研究"：达马西奥，1995，140。

26. "有时被称为'模块'"：当前行业内关于大脑这些"组成部分"的正确术语还存在着大量争议。有些人更喜欢用"系统"或"回路"这样的术语，部分原因是它们更清楚地传达出这样一个信息：模块通常分布在大脑的各个区域，涉及脑区的激活和神经调质这种化学物质。在本文中，我通常采用"模块"一词，因为它是一个既被用于大脑活动的神经学解释，也被用于大脑活动的进化心理学解释的术语。这一术语最初由杰里·福多尔（Jerry Fodor）提出，他认为模块具有以下属性：

· 领域特异性

· 封装性

· 强制性放电

· 浅输出

· 速度

· 难以到达意识层面

· 典型的个体发生过程

· 专用的神经结构

· 典型的故障模式

27. "几百万次"：伍尔夫，37。

28. "不同模块的集合"：有关模块的更多信息，详见加德纳（Gardner），第55页。达马西奥在各个模块之间的相互联系方面十分博学。"我们现在可以自信地说，视觉、语言、理性或社会行为没有单一的'中心'。有些'系统'是由几个相互联结的大脑单元组成的；在解剖学上，而不是在功能上，这些大脑单位不是别的，正是受颅相学启发的古老理论的'中心'；这些系统确实致力于相对分离的操作，它们构成了心智功能的基础。同样真实的是，不同的大脑单元由于在系统中的位置不同，对系统的运作有不同的贡献，因此不能相互交换。这一点是最重要的：决定一个特定的大脑单元对其所属系统运作贡献的，不仅仅是这个单元的结构，还有它在系统中的位置。"达马西奥，1995，16。

29. "通过对吸毒者的研究来更直接地体验"：迷幻剂促使我们意

识中两种最强大的影响被破坏（当你想起它时，也会觉得不可思议）：我们是一个统一的自我，而不是一个相互竞争的子系统；我们每个人都与周围的世界不同，我们的自我在身体的边缘终止。精神幻觉的两个标志性效应——自我分裂和自我扩张都证明了大脑很难摆脱我们是一个人而不是很多人的幻觉，如果使用正确的化学物质，这些幻觉会非常容易被扰乱。对这些问题的两种截然不同但同样无畏的调查，参见约翰·霍根（John Horgan）的《理性的神秘主义》（*Rational Mysticism*）和丹尼尔·平齐贝克（Daniel Pinchbeck）的《打开头颅》（*Breaking Open the Head*）。

30. "模块之间的控制结构"：在某种意义上，不同模块之间的冲突有时看起来像是一个糟糕的工程。我们的大脑提醒我们，进化充满了草率的解决方案和低效的设计。乔·勒杜（Joe LeDoux）是这样描述的："……在目前人类大脑进化的阶段，认知和情感系统之间的联系并不完美。这种状态是我们为新进化的、还没有完全融入我们大脑的认知能力所付出的代价的一部分。虽然这对其他灵长类动物来说也是一个问题，但对人类来说尤其严重，因为人类的大脑，尤其是大脑皮层，在获取自然语言功能的过程中被广泛地重新联结……我们的脑还没有进化到这样一种程度：可以让复杂思考成为可能的新系统轻易控制导致我们基本需求、动机和情绪反应的旧系统。但这并不意味着我们只是脑的受害者，或者我们应该屈服于自己的欲望，这意味着向下的因果关系有时是艰难的。做正确的事情，并不总是从知道正确的事情是什么开始。"勒杜，2002，322–323。

31. "大脑左右半球"："大脑中白质到灰质的分布并不是均匀的——右半球的白质相对较多，而左半球的灰质较多。这个细微的区别非常重要，因为它意味着右脑的轴突比左脑的长，轴突更长则意味着平均来说，它们联结着距离更远的神经元。由于做类似事情或处理特定类型输入的神经元往往聚集在一起，这一结果表明，右脑比左脑更擅长同时利用几个不同的大脑模块。远程的神经联结也许可以解释，为什么大脑半球倾向于提出宽泛的、多方面的，但相当模糊的概念。它还可以帮助右脑整合感觉和情绪刺激（这是理解艺术所需要的），并建立起一些为理解幽默奠定基础的联系。右脑的神经结构也有助于'横向思考'。相比之下，左脑中紧密联结的神经元能够更好地完成高强度、细致的工作，而这些工作依赖于相似的脑细胞之间紧密、快速的合作。"卡特，38。

32."大脑是一片弱肉强食的森林"："产生思维的脑是一个复杂的系统，其构造方式更类似于丛林，而不是计算机。但这个类比在某一点上失算了：虽然丛林中的植物是进化过程中选择出的，但丛林本身不是。脑有两个选择的过程，自然选择和躯体选择。最终的结果是一个微妙的和多层次的事情，充满了循环和层次。从基因到蛋白质，从细胞到有序发展，从电活动到神经递质的释放，从感官覆盖到形成地图，从形状感知到功能和行为，我们面临的是一个不断受到自然选择影响的躯体选择系统。"埃德尔曼，1992，44。

33."心智阅读在很大程度上是一种关于眼睛的阅读"："……我们最早在大约 9 个月大的婴儿身上就可以看到目光监视的行为，全世界儿童表现出这种行为的平均年龄是 14 个月。在这种现象中，婴儿转向另一个人看的方向，然后目光交替，来回检查几次，以确保自己和他人看的是同样的事物，从而在同一物体上建立共同的视觉注意。"巴伦－科恩，44。

34. "你的脑天生就会"：许多动物有专门的脑系统来调节社交互动。"海豚有一个巨大的新大脑区域——副边缘脑叶（paralimbic lobe），这是我们所没有的。副边缘脑叶是扣带回的一个分支，而扣带回被认为是所有哺乳类动物产生复杂的社会交流和社会情感（如分离、痛苦和母爱）的区域。因此，海豚可能有一种我们只能模糊想象的社交思想和感觉。"潘克赛普，61。"就体型而言，吸血蝙蝠的大脑非常大，因为它的新皮层（在大脑前部的智慧的部分）比后部的常规皮层大得多。吸血蝙蝠的新皮层是所有蝙蝠中最大的，因此它们拥有比大多数蝙蝠更复杂的社会关系，这并非偶然，正如我们所见，它们与群体中不相关的邻居之间都存在互惠关系。为了互惠，它们需要认识对方，记住谁帮了忙，谁没帮忙，并承担相应的债务。在两个最聪明的陆栖哺乳类动物家族（灵长类和食肉动物）中，脑的大小和社会群体之间有着紧密的联系。一个人所处的社会越大，他的新皮层相对于脑中其他部分就越大。要想在一个复杂的社会中苗壮成长，你需要一个大的脑，而要想获得一个大的脑，你需要生活在一个复杂的社会中。无论逻辑如何发展，这种相关性都是引人注目的。"里德利（Ridley），1996，69。

35. "我们都是外向的人"："人们可能想知道，在最近的人类进化中，这种选择压力是如何变得如此强大的。毕竟，压力通常产生于恶劣的环境——干旱、冰河时代、强悍的捕食者、稀少的猎物。随着人类的进化，压力的产生和这些事情的相关性已逐渐减弱。工具和火的发明，计划和合作狩猎的出现，都让我们对环境的掌控力日渐增加，并逐渐远离反复无常的自然。那么，在几百万年内，猿的脑是如何进化成人类的脑的呢？大部分研究者似乎认为，这是环境导致的，才让猿进化为人类（或类人猿）。石器时代，社会里的各个成员互为竞争对手，都参与一场为下一代注入自己的基因的比赛。更重要的是，在这场比赛中，他们又是彼此的工具。传播基因的成功率依赖于他们与邻居的关系，因为邻居们有时帮助他们，有时忽视他们，有时利用他们，有时喜欢他们，有时讨厌他们。人类的进化在很大程度上是由相互适应组成的。"赖特（Wright），1995，26–27。

36."一种极端的男性大脑倾向"：巴伦－科恩提出，存在一种与心智阅读的同理心相对的、传统的以男性为中心的特质——系统化（systemizing）。他是这样描述的："人脑至少可以分析或构建出六种系统。

"技术系统：计算机、乐器、锤子等。

"自然系统：潮汐、气象变化、植物等。

"抽象系统：数学、计算机程序、语法等。

"社会系统：政治选举、法律制度、生意买卖等。

"可组织的系统：分类、收藏、图书馆等。

"运动系统：运动技术、表演、演奏乐器的技术等。

"系统化是一个归纳的过程。你每次观察发生的事情，从重复采样中收集关于某事的资料，经常量化事件中某些变量的差异及其与结果变化的相关性。确定了可靠的关联模式之后，产生可预测的结果，你将形成关于系统方面如何工作的规则。当出现例外时，我们就对规则进行改进或修订，否则规则将被保留。"巴伦－科恩，2002。

37."本能的'直觉'"：达马西奥研究了直觉如何增强和指导我们对世界的理性评估，其中最著名的部分记录在《笛卡尔的错误》（*Descartes' Error*）中。他将这些情绪线索称为"躯体标记"，这些暗示来自你的情绪子系统，帮助你处理复杂的情况，而不必有意识地处理一切。比如，你对自己说："相信这个人"或者"在这一带要保持警惕"。

38. "我问巴伦－科恩"：采访于 2003 年 1 月。

39. "无法察觉他人脸上的恐惧表情"：达马西奥，1998，65。

40. "都看到了"：詹姆斯，89-90。

41. "艺术的文化成就"：在这个问题上，我认为史蒂文·平克和E. O.威尔逊是错误的。平克在《白板》(The Blank Slate)中说："现代主义无疑是在人性发生变化的情况下发展起来的。千百年来，艺术家们用来取悦人类味蕾的所有技巧都被抛弃了。在绘画方面，现实派让位给对形状和颜色的畸变扭曲；再让位给抽象的网格、形状、滴落、飞溅，最近甚至出现了一张价值 20 万美元的画作——空白的白色画布。在文学中，无所不知的叙述、有组织的情节、有秩序的人物介绍、一般的可读性均被意识流、无序呈现的事件、令人困惑的人物和因果顺序、主观且脱节的叙述，以及难懂的散文所取代。"平克，2002，449。

在这一点上，威尔逊不像平克那样爱争论，他对艺术的起源进行了描述（我认为是准确的，但谁说得准呢）。

"艺术填补了这个空白。早期的人类发明了它们，试图通过巫术来表达和控制丰富的环境、团结的力量，以及他们生活中对生存和繁衍最重要的其他力量。艺术是使这些力量仪式化并在一种新的、模拟的现实中表现出来的手段。他们从对人性的忠诚，对情感引导下的心智发展的表观遗传规则（算法）的遵循中取得了一致性。他们通过选择最能唤起回忆的词语、图像和节奏，遵循表观遗传规律的情感指导，做出正确的举动，从而达到了这种准确性。艺术仍然以同样古老的方式发挥着这种原始的功能，它们的品质由人性以及它们对人性的坚守来衡量。在很大程度上，这就是我们所说的艺术中的真与美。"威尔逊，225。威尔逊的故事在神话的背景下非常有意义，但作为一种艺术理论，它的不足之处恰恰在于，艺术既是关于人类共性的，也是关于个人经验的。平克和威尔逊似乎都不愿意在艺术领域接受他们在其他领域经常接受的东西：文化成就的一部分就是从我们的生物链中挣脱出来，突破人类本性所能达到的极限。平克将意识流归为现代主义突破人性的一部分，这一事实在我看来特别奇怪，因为乔伊斯（Joyce）的整个作品就是要捕捉意识内部生活的体验及其所有的动力和陌生感。这当然与许多文学现代主义是一致的，这就是为什么本书多次提到亨利·詹姆斯、弗吉尼亚·伍尔夫和马塞尔·普鲁斯特，他们都是杰出的心智开启者。

42. "所有的章节在很多方面都是关于记忆的"：彼得·克莱默的长时程衰退的想法正是遵循这个逻辑。"我们很容易接受认知的和情绪性的概念，或者至少是充满情感的记忆。但也许敏感性也是一种记忆，'身体的记忆'正如我们所说的'身体的智慧'。从这个意义上说，社会抑制和拒绝敏感性都属于记忆。也就是说，它们不是源于对创伤的记忆（认知的、情绪性的、矛盾的），它们代表的就是创伤记忆，或者说它们就是创伤记忆本身。按照这种思维方式，对于露西而言，在很大程度上是她的神经通路、她的社会需求构成了对她母亲被谋杀的生物记忆，正如苔丝的社交风格是对她早熟且尽责的童年的记忆。"克莱默，124。

43. "掌控经验"：伍尔夫，79 页。"一个物体，一个词，一个眼神，就像扔进水坑里的石头，发出的记忆涟漪会触发另一个记忆。渐渐地，超越了一般的概念，语言的标签使我们获得了一个更复杂、更加高度个性化的观点，从而理解了我们每个人都拥有自己独一无二的世界。随着成长，我们能够更好地根据以往的经验来理解或解释一个正在发生的情况；而那些对原始感官只有轻微影响的物体、人或行为将会占据我们的注意力，因为它们具有更隐蔽、更无形、更私密的意义。我们开始注意到的，不仅包括每个醒着的时刻最大声、最鲜亮的东西，也包括在嘈杂拥挤的房间里，秘密情人的眉毛在几分之一秒的时间里默默地扬起了几分之一英寸。"格林菲尔德（Greenfield），54。

44."一种叫作'再巩固'的过程"："卡里姆·内德（Karim Nader）和格伦·沙费尔（Glenn Schafe）近期发现，杏仁核中的蛋白质合成似乎是最近激活的记忆作为记忆保存的必要条件。也就是说，如果你从存储器中取出一段记忆，你必须制造新的蛋白质（你必须重建它或再巩固它），以使那一记忆保持为一段记忆。思考这个问题的一种方式是，进行记忆的大脑并不是形成最初记忆的大脑。为了让旧的记忆在当前的大脑中有意义，记忆必须被刷新。这项工作引起了人们的极大兴趣。一名男子打电话问，他是否可以通过阻断他大脑中的蛋白质合成来消除对前妻的记忆。它的实际意义是，有一天，在药物或其他脑改变的情况下，创伤受害者能回忆他们的创伤，从而减少记忆对人的心理的束缚。在我们提出这个建议之后，一位治疗师提出很好的观点。例如，对于大屠杀的幸存者来说，在经历了多年的生活并在某种程度上形成了自己的身份之后，失去这样的记忆意味着什么？这是一个非常重要的问题，涉及了科学发现可能引发的深层次伦理问题。"勒杜，2002，162。

45."普鲁斯特"：几年前，作家斯蒂芬·霍尔（Stephen Hall）在《纽约时报》（*The New York Times*）上发表了一篇精彩的文章，这篇文章在一定程度上启发了本书的一些主题。（一次偶然的机会，我用同一个指南在哥伦比亚大学的乔伊·赫希的帮助下，对我的大脑进行了个体的功能性磁共振成像的研究。）霍尔谈到了脑成像技术打开心智的可能性："弗洛伊德和普鲁斯特的世界观有一个共同点，那就是回忆的联想性质——奇怪的言语或景象与更深层次的创伤有关，气味与更广泛的记忆有关。联想需要联结，就像我看到的，例如对于幽默的大脑扫描，可以在神经联结图中描绘出丰富的联系。这听起来可能很荒谬，但我可以想象，在遥远的将来，当核磁共振成像取代了沙发，当治疗师用言语、气味或图片来刺激并精确定位回路，然后神经解剖学家把这些图像转换成行为的解释。当然，总还是会有这样一种可能：经过几十年对心智的探索，我们仍然会发现，打个比方说，我们会发现自己深陷在神经递质的沼泽中，我们不会更接近'心智'的生物学理解。"霍尔，1999。

第二章　我的恐惧集

46. "爱德华·克拉帕雷德"：勒杜，1996，80。

47. "我第一次申请这个课题的经费"：采访于2002年11月，受访者为约瑟夫·勒杜。

48. "无法进行科学的研究"：达马西奥这样描述对情绪的漠视："20世纪的科学研究把情绪移回了大脑，忽略了身体反应，并把它降到与祖先相关的、较低级的神经层面。最后，人们认为不仅情绪是不理性的，甚至研究情绪也是不理性的。"达马西奥，1998，39。

49. "外科减法"："利兹·罗曼斯基（Liz Romanski）、克劳迪娅·法尔布（Claudia Farb）、纽特·多伦（Neot Doron）和我的研究表明，外侧杏仁核有两个获得有关刺激输入的来源。它接受来自皮质下区域（感觉丘脑）粗糙但快速的表征，以及来自皮质感觉区域较慢但更完整的表征……利兹·罗曼斯基在我的实验室进行的研究中，阐述了这两个输入系统对杏仁核的作用。从丘脑到皮层到杏仁核的通路，也就是所谓的高路，允许有关物体和经历的复杂信息引发恐惧反应。但杏仁核也可以直接被丘脑激活。由于这条低路绕过了新皮层，它只给杏仁核提供了外部刺激的粗略表征。但是，原始信息的到来可能会产生重要的影响。例如，克劳迪娅·法尔布和我发现了杏仁核的细胞能够决定通过丘脑通路的声音的强度或响度。响度是判断一个物体有多近的良好线索，而距离是判断一个物体有多危险的良好线索。如果你认为大声的东西很危险，即使你不知道噪声的来源，从长远来看，你可能也会过得更好。因此，简单地用丘脑来计算强度，杏仁核就能立即推断出刺激相关的重要细节。强度并不是丘脑低路所衡量的唯一特征，但它是一个重要的特征。"勒杜，2002，122。

50."赫布型学习"："用赫布的话说：'当 A 细胞的轴突足够接近去刺激 B 细胞，或重复地、持续地参与激活 B 细胞时，一个或两个细胞都会发生一些生长过程变化或代谢变化，例如 A 细胞因为激活 B 细胞，效率得到了提高。'虽然赫布最初提出他的放电—联结理论是为了解释学习和记忆的本质，但它已被用来解释突触功能的其他方面，特别是发育过程中突触的构建。再次考虑视觉皮层联结的建立，正如我们所看到的，对于灵长类动物，出生前的几周是视觉系统发育的重要时期，那时候两只眼睛自发活动的波形成活动模式，导致一只眼睛或另一只眼睛优先激活某些皮层细胞。由于同一只眼睛视网膜上的细胞更有可能同时自发放电，而一只眼睛并不太可能与另一只眼睛的细胞同时放电，当一只眼睛的突触前输入激活了突触后皮层细胞时，同一只眼睛的其他细胞的突触前输入或多或少会同时到达突触后。根据赫布的法则，这种在突触前和突触后细胞中同时发生的活动会导致从那只眼睛到突触后细胞的联结加强。"勒杜，2002，79—80。

51. "闪光灯记忆"："根据交错学习假说，记忆最初是通过海马区域的突触变化来储存的。当刺激情境的某些方面重现时，海马参与了对最初经历中发生的皮层激活模式的恢复。每次恢复都会对皮层突触产生一些改变。由于这一恢复依赖于海马，损伤海马影响的是近期的记忆，而不是已经在皮层中得到巩固的旧记忆。旧记忆是大脑皮层突触变化累积的结果，而突触变化是记忆多次恢复的结果。大脑皮层的变化速度缓慢，阻止了新知识的获取，而不会干扰旧的大脑皮层的记忆。最终，大脑皮层自给自足。在那个时候，记忆开始独立于海马。"勒杜，2002，106。

52. "詹姆斯·麦高"：采访于2002年11月。

53. "β-受体阻滞剂"："这些结果提出了一个有趣的可能性，即为了减少持续记忆，可以对创伤幸存者使用β-受体阻滞剂。β-受体阻滞剂也可以在紧急救援人员进入灾难现场前给人们使用，从而完全阻止日后会困扰他们的侵入性记忆（intrusive memories）的形成。这些都是令人兴奋的可能性，因为侵入性记忆可能会造成长期的严重损害。对于反复暴露于潜在持久危机来源的应急人员或救灾人员，初步使用β-受体阻滞剂可能会使这种高压力的职业变得更易于掌控。"沙克特（Schacter），182。

54. "恐惧反应消退"：勒杜，1996，169。

55. "严重的压力可能会阻碍"：参见麦克尤恩（McEwen）和萨波尔斯基（Sapolsky），1995。

第三章　请注意

56. "神经反馈技术的出现"：有关神经反馈的历史，请参阅罗宾斯的《脑内交响曲》一书。

57. "注意力建构者公司的首席执行官"：采访于 2001 年 8 月。

58. "脑电波"："目前，人类的脑电波可分为五大类。节律最慢的是 δ 波（1~3Hz），这通常反映出被试处于睡眠状态……其次是 θ 波（4~7Hz），它与冥想体验、无意识加工以及一些负面情绪影响（如沮丧）有关。然而，如前所述，θ 波反映了大脑某些区域（如海马）活跃的信息加工。当这种节律在海马中发生时，一个有机体正在进行典型的探索活动，而海马可能正在产生思想和记忆。这种节律也是海马在快速眼动（REM）睡眠中的特征……大脑放松或"空闲"的节律是 α 波（8~12Hz），这为检测大脑觉醒的变化提供了一个很好的参考指标。换句话说，α 波范围内持续的电能可以作为基线，用来检测大脑的各个区域在特定的认知任务和情绪状态下是如何被唤起的。节律（13~30Hz）通常被认为是一个很好的衡量认知和情感激活的方法。最后，比 β 波更高频的振荡通常被认为是在 γ 波范围（即超过 30Hz）；它们目前被认为反映了人类大脑的一些最高级的功能，如感知和更高级的认知过程。"潘克赛普，87。

59. "莱斯莉·塞登和哈尔·罗森布拉姆"：采访于 2001 年 9 月。

60. "量化的研究"：见西蒙等，2001。

61. "约翰·多诺霍"：采访于 2001 年 9 月。

62. "α 波状态"："现在已经有一种技术可以产生至少一个方面的精神体验。这种实验技术被称为脑生成音乐（Brain Generated Music，BGM），由神经音速（NeuroSonics）公司首创，这是一家位于马里兰州巴尔的摩市的小公司，我是该公司的董事。BGM 是一种脑电波生物反馈系统，它能够唤起一种被称为"松弛反应"（relaxation response）的体验，与深度放松有关。BGM 仪器将三条一次性导线连接到用户头部，然后由一台个人电脑监控用户的脑电波，以确定用户的 α 波长。α 波［范围在每秒 8 个到 12 个周期（cps）］，与深度冥想状态相关；而 β 波（范围在 13 cps 到 30 cps 之间）与日常意识思维相关。最后，电脑根据一种转换用户脑电波信号的算法生成音乐。BGM 算法在检测到 α 波时产生令人愉快的和声组合，在检测到 α 波时产生不那么令人愉快的声音和声音组合，从而鼓励用户产生 α 波。此外，声音与用户自己的 α 波波长同步，从而与用户的 α 波节律产生共振，进而促进了 α 波的产生。"库日韦尔，157。

63. "约翰·罗登巴赫"：采访于 2003 年 2 月。

64. "语音环路"："我们现在知道，这种与受损的语音环路相关的快速过渡具有重要的，甚至是严重的后果。早期的线索来自对另一名语音环路受损的脑损伤患者的研究。患者可以像健康对照组一样快速地学习母语（意大利语）的单词对。但与健康的母语为意大利语的人相比，病人无法学习意大利语单词和不熟悉的俄语单词组成的单词对。随后的研究也显示了类似的结果：语音环路受损的患者几乎完全无法学习外语词汇。语音环路是获得新词汇的途径。这个环路帮助我们把新单词的发音组合起来。当它不能正常运作时，我们不能长时间地保持这些声音，以至于没有机会将我们的感知转化为持久的长时记忆。"沙克特，30。

65. "编码是注意力的子系统"："另一个预测后续记忆活动的区域位于更靠前的地方，它处在被称为额叶的广阔区域的左下角。这一发现并非完全出人意料，因为之前的神经影像学研究表明，当人们将传入的信息与已知信息联系起来并对其进行详细描述时，大脑额叶左下方工作得尤为卖力。认知心理学家多年前就知道，瞬时性（transience）会受到人们记录或编码输入信息时所发生的事情的影响：编码过程越详细，产生的瞬时记忆越少。例如，假设我向你展示一个要记住的单词列表，包括狮子（lion）、汽车（CAR）、桌子（table）和树（TREE）。对于一半单词，我要求你判断有无生命；而对于另一半单词，我要求你判断它们是大写还是小写字母。在所有其他因素相同的情况下，你会记住更多你曾经用来判断有无生命的词。思考这个词是指有生命的东西还是没有生命的东西，可以让你根据自己对这个词的了解来详细解释这个词；使用大写或小写判断，对将单词与你的已有知识联系起来没有多大帮助。其他实验表明，当人们把要学习的信息与熟悉的事实及关联结合起来时，随后的记忆就会增强。"沙克特，25。

66. "7个不同的项目"："几个世纪前我们就知道，在我们的大脑中（在工作记忆中）只能同时保持几件事情活跃。乔治·米勒（George Miller）是认知心理学先驱之一，通过心理学实验发现，这个数字大约是7。有些人可以记忆8个到9个，而其他人只能记忆5个，但是平均来说，工作记忆可以临时存储7个项目（同一区号内的电话号码被设计成7位数，这可能不是巧合）。但是正如米勒所说，我们可以通过将信息分成组块来有效地扩展这种能力——记住7个字母就像记住 7 个单词或想法一样简单。毫无疑问，人类的认知之所以如此强大，其中一个原因是我们的大脑中有语言，它成倍地提高了我们将信息分类和分成组块的能力。例如，一种文化可以隐藏在一个名字中。"勒杜，2002，177。

67. "我的视觉编码"：这似乎是我和奥尔德斯·赫胥黎共有的特质。"是的，从我记事起，我就一直是个糟糕的视觉化者。文字，即使是诗人富有内涵的文字，也无法唤起我脑海中的画面。在我即将陷入睡梦之中时，也没有催眠的画面迎接我进入梦乡。当我回忆某件事时，记忆并不能将它以一个生动的事物的形式呈现给我。通过意志力的努力，我能回忆起昨天下午发生的事情，回想起桥梁被毁前伦加诺（Lungarno）的样子，回忆起贝斯沃特路（Bayswate Road）上，那时唯一的公交车是绿色而且狭小的，由老马以 3.5 英里（约 5.6 千米）的时速拉着；但这种回忆不是很生动。那种图像几乎没有实质内容，也完全没有自己独立的生命。它们在真实的、可感知的物体面前，就像荷马笔下的鬼魂站在有血有肉的人面前一样，只能在阴影中拜访它们。"赫胥黎，15。

68. "有效的大脑"："工具组织"的另一个关键区域是联合皮层，它从视觉区域和听觉区域获取输入。这个区域对一个人的当前环境产生综合评估、在不同的感官之间建立联系中起着核心作用。

69. "苏珊和西格弗里德·奥思默"：采访于 2002 年 12 月。

第四章　痒中求生

70. "催产素"："催产素最有名的作用可能就是促进生育、促进分娩和促进泌乳。伴随着催产素释放所产生的感觉，有着特殊的意义。在刚分娩后，大多数母亲身上会出现一种强烈的平静感。你刚刚完成了一生中最为有力和痛苦的经历，整个过程持续了大概十个到十五个小时，你真的很为生产过程的结束感到开心。但平静不仅仅是痛苦体验结束时的解脱，它有一种超凡脱俗的特质。当你看关于圣母玛利亚的画作时，你会感觉到一些艺术家已经潜入了新手母亲的灵魂，并真正感受到了这些感觉。当然，对新生儿的爱也是其中的一部分，但它比爱的强度更大、更发自肺腑。这是亲子联结的开始。"泰勒，25。

71. "谢利·泰勒"：采访于 2002 年 12 月。

72. "哺育本能"：泰勒还将其称为亲和回路（affiliative circuitry）。"我们对彼此需求的关注是否真的值得作为一种本能来考虑？我们是否可以自信地争辩说，生物学上的驱力是我们相互培养多种关系的基础？当我们探索社会关系的本质时，首先关注的是母婴关系，然后是社会群体内的关系，以及男女之间的关系，一些相同的激素会反复出现，比如催产素、抗利尿激素（vasopressin）、内源性阿片肽（endogenous opioid peptides）、生长激素。这些激素似乎与多种社会行为有关，是科学家所称的亲和神经回路的一部分。这一亲和神经回路具有复杂模式，由影响着社会行为的许多方面共同发生和相互作用的通路构成，从人们是否愿意接受社会关系，到他们的关系会有多牢固。"泰勒，12。

73. "睾酮含量高的男性体内"：在男性大脑中，有一种与催产素相对应的类似物质——抗利尿激素。"男性和女性都会在压力状态下释放抗利尿激素，但不同于会被雄性激素抑制的催产素，抗利尿激素的作用可能会被它们增强，使得抗利尿激素对男性的压力反应有潜在的影响。如果催产素与平静、养育、亲和行为有关，那么抗利尿激素做了些什么呢？由于这种作用大部分发生在大脑中，我们对抗利尿激素的认识来源于动物研究，特别是草原田鼠提供了大量的知识。为什么是草原田鼠而不是老鼠、恒河猴和绵羊，有助于我们了解催产素对女性的影响呢？不同于大多数雄性哺乳类动物，草原田鼠是一种一夫一妻制的小型物种，它会选择配偶并与其终生相伴，它会守护并保护配偶的安全。因为人类也是一夫一妻制，所以草原田鼠为理解男性应对压力的反应提供了一个潜在的动物模型。已有研究显示，抗利尿激素很可能与男人对压力的反应有关。当压力事件发生时，抗利尿激素水平上升，雄性草原田鼠立刻变成一个保护哨兵，守卫和巡逻它的领地，使它的雌性伴侣和幼崽免受伤害。"泰勒，31。

74. "草原田鼠的大脑"：勒杜，231。

75. "人脑的化学"：关于这些化学物质对男女性关系的影响，潘克赛普有一些发人深省的想法。"……女性大脑比男性大脑含有更多的催产素神经元，催产素受卵巢激素——雌激素的控制。这种神经肽在性行为中的作用，不像男性大脑中的抗利尿激素那样不平衡。直接向大脑中注射催产素可以增加男性和女性的性行为，但发生机制并不相同。催产素促进男性的勃起能力，它在高潮时会大量释放到血液循环中……不幸的是，女性似乎没有可对比的数据。无论如何，脑内催产素的释放是促进性高潮快感的一个关键因素，因此也是雄性交配后常见的行为抑制的介质之一。催产素，一种主要的雌性神经质，却在男性性行为最终的高潮中发挥了重要的作用。在这个作用中，它可以让两性更好地理解对方。"潘克赛普，241。

76. "人类催产素受体"："值得注意的是，在人类中，没有发现与其他哺乳类动物有本质区别的神经递质或神经质。事实上，在所有哺乳类动物的脑中，大多数神经化学系统的解剖分布都非常相似。然而，不同的动物和物种在系统上也存在差异，这有助于解释它们的个性差异。迄今为止观察到的最显著的差异之一，是在大脑催产素系统内……"潘克赛普，100。

77. "爬行动物的大脑根本不会产生"："在哺乳类动物身上，为幼年动物提供特殊照顾的情绪倾向令人印象深刻，但在爬行类动物身上，这种情绪倾向只出现在最初的阶段。尽管如此，在哺乳类动物和鸟类与它们共同的祖先分化之前，一种提供母性照顾的原始倾向可能就已经形成了。最近的古生物学证据表明的，一些恐龙可能也表现出了母性倾向。然而，通过护理系统的进化，母性的投入在哺乳类动物大脑中已大大扩展，同时仍根植于早期进化的社会性过程。"潘克赛普，223。

78. "进化生物学家唐纳德·西蒙斯"：平克用这个思想实验扩展了西蒙斯的论点："我们甚至可以想象这样一个物种，该物种中的一些夫妇终身被困在一个岛上，他们的后代在成熟后就会四散离开，再也不会回来。因为夫妇二人的遗传利益是相同的，一开始人们可能认为，进化会给他们带来性、浪漫和伴侣之爱的幸福完美。但西蒙斯认为，这类事情不会发生。配偶之间的关系将演变成一个个体细胞之间的关系，它们的遗传利益也是相同的。心脏细胞和肺细胞不必为了和谐相处而坠入爱河。同样，这一物种的夫妇只会为了生育而进行性行为（为什么浪费能量？），性不会带来更多的快乐，比如荷尔蒙的释放或配子的形成。不会有坠入爱河这件事，因为没有其他的配偶可供选择，坠入爱河将是巨大的浪费。你真的会像爱自己一样爱你的配偶，但关键是你并不是真的爱你自己，除了在隐约的感觉上，你就是你自己。就进化而言，你们两个将是一体的，而你们的关系将由无意识的生理学所支配。如果你观察到伴侣割伤了自己，你可能会感到疼痛，但是如果我们对伴侣的所有感觉都是永远不会进化的，这种感觉在一段关系进展顺利时，让我们感到非常美妙（而在不顺利的时候却非常痛苦）。即使一个物种在开始这种生活方式时拥有了它们，它们也会像穴居鱼的眼睛一样被筛选掉（译者注：穴居鱼由于长期住在地下，眼睛逐渐萎缩消失），因为它们都是在付出，全无任何利益。"平克，2002，293–294。

79."罗伯特·普罗文"：采访于2003年1月。

80."可能性高出46%"："在统计数据时，我发现演讲者比他们的听众笑得更多。在以听众为导向、关于笑声或幽默的文献中，没有一篇提到过这样的现象。当我把四种可能的性别组合中的演讲者（S）和听众（A）的笑加起来时，发现演讲者的笑比他们的听众多46%。当考虑到性别时，其效果更为显著。当女性（f）与男性（m）交谈时，演讲者/听众的差异最大（S_fA_m），在这种情况下，女性听众的笑声比男性听众多出126%。"普罗文，28。

不同性别演讲者与听众的笑声次数表

组合	演讲片段数量	演讲者	听众
S_mA_m	275	75.6%	60.0%
S_fA_f	502	86.0%	49.8%
S_mA_f	238	66.0%	71.0%
S_fA_m	185	88.1%	38.9%
总体	1200	79.8%	54.7%

81. "只有大约 15%": 普罗文，47–48。

82. "他们的笑声是有感染力的": 再没有什么会比电视中笑声录音更明显地利用了笑声的感染性了。笑声录音，首次出现于 1950 年 9 月，当时上演的情景喜剧《汉克·麦丘恩秀》(*Hank McCune Show*)。普罗文写道："这是一部关于'一个讨人喜欢的糊涂虫，一个试图偷工减料却发现自己上当受骗的邪恶的家伙'的喜剧。《综艺》杂志 (*Variety*；1950 年 9 月 13 日) 注意到了美国全国广播公司 (NBC) 播出的这部相当有趣的节目中的一个创新点——'笑声录音'。评论家感觉到一些有趣的东西并揣摩道：'这是否会在家庭观众中引起愉悦的情绪还有待确定，但如果这种做法被推广到包括录制的开心大笑的声音、雷鸣般的掌声和同情的吸气声，它将会有无限的可能性。'当代电视观众对这项实验的结果再熟悉不过了。"普罗文，137。

83. "罗杰·福茨": 采访于 2003 年 1 月。

84. "黑猩猩的笑声": "人类和黑猩猩的笑声最显著的声学相似之处，在于它的节奏结构。无论是黑猩猩的'强烈喘息声'，还是人类的'哈哈哈'，声波爆发都是有规律地间隔发生的，这一特征在这两种声音的波形中都很明显。然而，黑猩猩笑的节奏速率大约是人类的两倍（黑猩猩声音的间隔——从一声到另一声——约为 120 毫秒，而人类的间隔约为 210 毫秒），这是因为黑猩猩在吸气和呼气时都会发声。如果只考虑更强烈的呼气，黑猩猩的笑声速率就会减半，更接近人类的水平。"普罗文，79–80。

85. "挠痒痒": 挠痒痒有着惊人丰富的哲学研究历史。"挠痒痒是一种奇怪的行为，但我们不需要寻找一种奇异的神经机制来解释它。一个众所周知的神经过程解释了许多关于挠痒痒的令人困惑的特性。关于挠痒痒机制的本质，核心的一点是：我们不可能把自己弄痒。2000 多年前，亚里士多德对这种现象表现出敏锐的直觉：'是不是因为如果一个人事先知道别人要挠他痒，他就会觉得不那么痒；而如果他事先并不知情，他会痒得更厉害？因此，当一个人在挠自己痒痒的时候，他最不觉得痒。'"普罗文，116。

86. "雅克·潘克赛普"：采访于 2002 年 12 月。

87. "阻断阿片类药物效果"：潘克赛普，256。

88. "免疫系统"：普罗文，197。

89. "小型研讨会"：感谢克莱·舍基（Clay Shirky）组织了一个如此精彩的研讨会，同时感谢他在软件的社会可能性问题上的持续的才华。

90. "文化评论家哈维·布卢姆"：《自闭症与互联网》（*Autism and the Internet*），详见 http://web.mit.edu/m-i-t/articles/blume.html。

91. "苏·卡特"：采访于 2002 年 12 月。

92. "让你'感觉糟糕'的激素"：内源性药物可能产生如此矛盾的效果，这一观点有时似乎不太合乎逻辑。但想想低剂量的酒精通常会使人更具社交自信和外向性，而高剂量的酒精则会起到抑制作用，使饮酒者对他人产生敌意，或者对他人漠不关心。内源性药物也一样，起决定作用的是药物剂量。

93. "人体自然产生的阿片类物质"："据推测，社交依恋和毒品上瘾之间存在相似之处，相似的神经回路和神经化学可能是这两种现象的基础……事实上，有明显的证据表明，内源性阿片类物质在调节亲和行为中起着重要的作用。例如，在猴子的社交理毛（social grooming）过程中，β - 内啡肽被释放，而阿片类物质受体的阻断导致理毛动机的增强……阿片类物质也调节着幼鼠的母婴依恋和分离痛苦……我们对田鼠归属感和配对结合的神经生物学机制的研究，支持了大脑奖赏回路在调节社会依恋中起着关键作用的观点。"因塞尔等，2001。

94. "为爱上瘾"："内源性阿片肽甚至可能会对应激激素产生直接影响，降低应激激素的强度。当动物被社会孤立时，它们的内源性阿片肽水平下降。当它们重新与同伴团聚时，内源性阿片肽水平恢复正常，伴随着兴高采烈的情绪状态。神经学家雅克·潘克赛普提出，内源性阿片肽可能是轻度社交成瘾的关键，在这种社交成瘾中，应对陪伴关系时释放的类阿片类物质，维持了人们对陪伴关系的需要。到目前为止，只有动物证据证明了这一观点。"泰勒，83。

95. "在同一个祭坛上"："第一个被发现的、对分离痛苦有强大抑制作用的神经化学系统是大脑阿片类物质系统，这为理解社会依恋提供了一个强有力的新途径。阿片类物质成瘾的动力学和社会依赖之间有着很强的相似性……很显然，积极的社交活动从大脑中释放的阿片类物质中获得了部分乐趣。例如，幼年动物在激烈的打闹时，阿片类物质系统相当活跃；而年长的动物在互相梳理毛发、享受友谊时，它们的阿片类物质系统会被激活……最后，性满足也可以部分归因于大脑中的阿片类物质的释放。综上，我们很容易假设，某些人沉迷于外部阿片类物质是因为它们能够人为地引起满足感。这与通常情况下，经社会诱导、释放出内源性阿片类物质（如内啡肽和脑啡肽），从而获得的满足感相似。在吸食外部阿片类物质时，个体能够从药理学上诱导出（那种他人从社会互动中获得的）积极的联结感。"潘克赛普，255。

96. "刚出生没几天的孩子": "在最初的几个小时里,他会把头转向有母亲声音的方向。几个小时后,新生儿可以模仿成人的表情,不久之后,他们就可以回应他人的情绪。为了展示这种惊人的能力,科学家给新生儿展示微笑、皱眉或表示惊讶的面部特写镜头。他们把婴儿看这些照片的过程拍下来,然后将这些影像展示给观察者,观察者的任务是猜测婴儿看到的是什么照片。观察者通常能够分辨出来,因为婴儿会自发地模仿他们看到的面部表情。婴儿利用这种极其复杂的内在情感交流系统向看护者传达自己的需求,唤起看护者照料自己的欲望,这些互动促进了婴儿大脑的快速发育。"泰勒,40。

97. "同样的化学物质": 这一神经化学方法开辟了一条迷人的探索之路,弗洛伊德对此进行了生动的探索: 孝悌之爱和性爱之间有多大的重叠? 潘克赛普写道: "孝悌之爱——父母和孩子之间的爱——表面上似乎与性欲完全不同,但正如弗洛伊德所怀疑的那样,它们可能有着共同的重要特征。现代心理生物学证据支持了这一观点,催产素等关键分子参与了这两个过程,尽管它们是通过大脑不同部位的活动产生的。尽管我们的文化演进试图把我们对性的渴望和对社交纽带的需要结合在一起,形成一个不可分割的整体,这被称为婚姻制度,但在大脑的深处并不能保证这种文化结合会成功。"潘克赛普,226。

但这有一个区别——这两个系统并不一定完全相同。一种看似合理的想法是,养育之爱来自促进亲子依恋的大脑系统,而性爱可能来自产生性追求的大脑系统。如果是这样,前者可能是基于阿片类物质和催产素的,而后者可能更多是基于多巴胺和抗利尿激素的。潘克赛普,285。

98. "感觉中的重要部分": 当然,婴儿的情况也适用于很多其他哺乳类动物。想到爱的神经化学的核心成分在人类和草原田鼠之间是相同的，可能会让人畏缩，因为爱是人类许多最高成就的源泉，我们喜欢认为我们的感觉本身是独一无二的。但是大脑化学上的共性及行为上的共同性表明和我们同类的哺乳类动物，也经历了一部分的爱。

第五章　激素在说话

99. "一些研究人员"：关于这一发现的有力的第一人称的描述请参阅珀特（Pert）所著的《情绪的分子》（*The Molecules of Emotion*）。

100. "自然快感"："……我们都喜欢我们体内产生的内啡肽，我们都会做很多事情来获取它们，从慢跑到性爱。当做这些事情的时候，我们体内的内啡肽水平异常地高。毫无疑问，强奸犯在犯罪期间或之后的某个时候会感觉良好，快乐是有生理基础的，而且这个基础会被揭示出来。如果辩护律师得逞，而我们坚持将生化介导的行为从自由意志的领域中移除，那么在几十年内，这个领域将会变得无限小。事实上，至少在理论层面上是这样的。有越来越多的证据表明，生物化学支配着一切，对此我们至少有两种应对方法。一种是把数据当作意志的证明。他们的论点如下：不管他们的内啡肽的状态、血糖水平以及其他一切状况如何，所有这些罪犯都有自由意志。如果生物化学否定了自由意志，那么我们谁也不会有自由意志！我们知道不是这样的，对吧？"赖特，1995，352。

101. "内源性阿片类物质并不是唯一的"：主要的毒品可以被映射到以下神经递质上：摇头丸使大脑中充斥着过量的 5- 羟色胺。可卡因增加了多巴胺、去甲肾上腺素和 5- 羟色胺的供应。迷幻剂，如麦角酸二乙基酰胺，通过模仿 5- 羟色胺分子来达到某些效果。安非他命释放多巴胺和去甲肾上腺素。尼古丁模仿多巴胺分子，同时激活尼古丁受体。酒精和其他镇静剂有更广泛的作用，降低大脑中 GABA- 氨基丁酸的活性。阿片，顾名思义，就是大脑中自然产生的阿片类物质。参见卡特，68。

102. "学会识别"："在精神病理学的功能理论的标题下，这样一种观点在精神病学中越来越流行，即认为心理状态最好首先通过考虑特定的心理功能（如情绪、认知、知觉）来理解，而诸如心理疾病或人格等问题应该被视为次要的。该理论的一个假设是，功能的变化最终是一种或另一种神经递质的特定状态导致的。"克莱默，183。

103. "拒绝敏感性"：术语"拒绝敏感性"起源于唐纳德·克莱因（Donald Klein）的研究，涉及一些在百忧解之前开发的抗抑郁药物。以下是克莱默对这种情况的描述："我们都会对失望做出反应，哪怕是很小的失望。约会泡汤了、同事发表尖刻评论……总会伴随着内脏的反应：胃部的下沉，感觉虚弱、思想混乱，暂时的悲伤和厌世感。我们知道，这种沉闷会过去，但此刻我们深受影响。对有些人来说，这种痛苦比其他人更严重，持续的时间更长，麻痹得更彻底。他们不是抑郁，而是脆弱。我们说这些人'敏感'……比如，'哦，别那么敏感'，或者'她只是过于敏感'……在很大程度上，精神病学忽略了敏感性，因为敏感性是不显著的，它不是一个可供分析的类别。在标准诊断手册中，没有'敏感'这个类别，但标准手册只是一个共识问题。有许多非官方的方法来绘制人类的变化，图表突出了丰富多彩的方式，尽管它们从未进入传统的指南。一条这样的概念性路线，一种以各种名称引起生物学研究人员数十年兴趣的诊断，可能正在百忧解的帮助下成为一条主要的通道。这个诊断的基本思想是，某些人在生理上对排斥反应非常敏感。"克莱默，70–71。

104."许多重要的功能"："有充分的理由相信，这个系统介导了一个相对同质的中枢状态功能。所有动机性及主动情绪行为，包括进食、饮酒、性、攻击、玩耍，以及几乎所有其他活动（睡眠除外），似乎随着5-羟色胺活性的增加而减少。然而，由于发现了大量不同的5-羟色胺受体，5-羟色胺介导行为抑制的结论得到了调和。在撰写本文时，5-羟色胺受体的数目达到15个。当5-羟色胺作用于某些受体时，情绪行为，诸如焦虑（通过行为抑制来测量）会增加。但当涉及其他受体时，情绪性会降低。为什么突触后存在这样的复杂性，而突触前却比较简单，仍然令人困惑。换句话说，这些系统在脑中释放单一的递质——5-羟色胺，但是这种物质可以作用于大量具有明显不同功能特性的受体。一种可能的解释是，在不同的突触场中，5-羟色胺的释放也受局部突触前机制的控制（即通过轴突—轴突突触）。通过这种局部控制，5-羟色胺只能区域性释放，并作用于5-羟色胺受体的某一个子集上。"潘克赛普，111。

105."化学物质不能像灵丹妙药"：一部分复杂性来自各种神经调质相互作用的事实，正如我们在催产素和内啡肽的例子中看到的。还有一个问题是，这种活动发生在哪里：大脑里某个部分释放的5-羟色胺与另一个部分释放的5-羟色胺有着非常不同的效果。正如达马西奥所写："在解释行为和心智时，仅仅提到神经化学是不够的。我们必须知道，在一个被认为引起某一特定行为的系统中，化学物质在哪里。如果不知道化学物质在系统中作用的皮层区域或核团，我们就永远不可能理解它是如何改变系统的性能的（这种理解只是最终解释更多精细回路如何工作前的第一步）。此外，神经解释只有在处理一个给定系统对另一个系统的操作结果时才开始有用。上述重要发现不应被肤浅的陈述所贬低，即5-羟色胺会导致适应性社会行为的出现，其缺乏则会导致攻击性。在具有特定5-羟色胺受体的特定脑系统中，5-羟色胺的存在或缺失确实会改变它们的运作；而这种改变反过来又会改变其他系统的运作，其结果最终将以行为和认知的方式表达出来。"达马西奥，1995，77。

106. "对被试的大脑进行正电子发射计算机断层显像（PET）扫描"：达马西奥，1998，60–62。

107. "情绪一致性"："根据情绪一致性假设，当记忆形成时的情绪状态与提取时的状态匹配时，记忆更容易被提取。例如，在沮丧时，我们更容易记住悲伤而不是快乐的事情。也许杏仁核在检索过程中的激活通过重新创造来促进记忆，至少在一定程度上，在最初的经历中发生的情绪状态（如上文所述，由杏仁核激活引起的大脑状态及其所有的后果）——在学习和检索过程中，激活模式越相似，检索的效率就可能越高。"勒杜，2002，222。

108. "革命性的新疗法"：达马西奥，2003，56。

109. "心理学家凯文·奥克斯纳"：沙克特，164。

110. "多巴胺的调节"："多巴胺细胞体位于脑干腹侧被盖区。这些细胞的轴突的分支分布广泛，并到达前脑的许多区域，包括前额叶皮层，在那里它们的末梢释放多巴胺。在灵长类动物中，多巴胺末梢在各层分布相当均匀，使多巴胺与受体结合，进而调节输入层和输出层的兴奋性和抑制性传递。虽然多巴胺受体有许多亚类，但D1家族（包括 D1 和 D5 受体）在工作记忆中的作用最为明显。这些受体位于兴奋性细胞树突的棘和轴上，似乎减少了树突向细胞体的兴奋传递，只允许特别强的兴奋性输入进入细胞体并激发兴奋。前额叶皮质的多巴胺释放似乎也促进了 GABA- 氨基丁酸的抑制，可能是通过突触前促进递质释放，导致通过前额叶回路的兴奋进一步减少。其中，一些效应似乎涉及了在含有多巴胺受体的细胞中触发蛋白激酶 A。综合这些发现，埃米·昂斯顿（Amy Arnsten）提出，多巴胺通过使细胞倾向于主要对强输入做出反应、将注意力集中在当前的活动目标上、远离分散注意力的刺激，从而参与工作记忆。"勒杜，2002，189。

111. "大脑的'快感'药物"：多巴胺系统是在一个传奇故事中被触发的。20 世纪 60 年代，实验者在老鼠通过推动杠杆后，刺激它大脑中负责产生快感的部分。众所周知，老鼠为了获得快感，一整天都在推动杠杆，甚至放弃食物和水，这使得研究人员认为多巴胺系统完全与快乐有关。但随着时间的推移，脑科学研究者和心理学研究者思考，为什么多巴胺分泌过量的精神分裂症患者看起来并不是异常喜悦的。慢慢地，多巴胺是一种奖励和激励剂的理论开始从这些反思中浮现出来。更多关于这方面的信息，请参阅塞伊诺夫斯基（Sejnowski）和科沃兹（Quartz）的著作《说谎者、情人和英雄》（*Liars, Lovers, and Heroes*）。

112. "核算快乐的会计师"："正如大脑刺激奖赏最初被认为是由于快乐中心的激活，多巴胺被认为是让人愉悦的化学物质。然而，正如我们所见，大脑刺激奖赏的享乐主义（主观愉悦）观点是错误的，对多巴胺在奖赏中起作用的享乐主义解释也不正确。例如，阻断多巴胺会干扰甜味奖赏所激发的反应，但不会改变获得美食时实际吃下的食物量。动物在食用时仍然喜欢奖赏，但它们不再有为之工作的动机。因此，多巴胺更多地参与期待行为（寻找食物、水或性伴侣）而不是完成性反应（吃、喝、做爱），但是饥饿或口渴是不愉快的。快乐，在一定程度上是经验的……不会在预期状态下出现，只会在消费过程中出现。由于多巴胺只参与预期阶段，而不是完成阶段，因此它的影响（至少在初级的需要状态下）不能用快乐来解释。"勒杜，2002，246。

113. "'寻找'回路"："这个系统使动物对探索自己的世界产生强烈的兴趣，并使它们在即将得到自己想要的东西时变得兴奋。它最终能让动物找到并热切地期待它们生存所需的东西，包括食物、水、温暖，以及它们传递基因给下一代所需要的性行为。换句话说，当这个系统被完全激发时，它有助于大脑充满兴趣，并激励有机体毫不费力地移动身体，以寻找它们的需要、渴望和欲望。在人类中，这可能是产生和维持好奇心的主要脑系统之一，即使是为了智力上的追求。显然，这个系统在促进学习方面是相当有效的，特别是在掌握关于物质资源的位置、如何以最佳方式获取它们的信息方面。它也有助于确保我们的身体以流畅的模式和有效的方式工作。"潘克赛普，52。

114. "英国公务员"：里德利，1999，155。

115. "更广阔世界"：谢利·泰勒对社会不平等影响压力水平的方式有一些颇具争议的想法。"……社会阶级的等级制度瓦解了社会结构。从父母和孩子之间的关系到同事和朋友之间的关系，每一种关系都处于压力之中。当人们根本没有他们所需要的东西，并且注意到其他人有，那么社会制度和关系就成为另一个压力源，而不是原本应该成为的支持性资源。随着贫富差距的扩大，这些问题变得更加恶化，人们为生活在一个容忍贫富差距的社会付出了高昂的代价。社会学家理查德·威尔金森（Richard Wilkinson）表明，除了一定的基本收入之外，你的健康受贫富差距而非绝对收入的影响。一种方法是贫富差距小的国家和差距大的国家的死亡率。例如，古巴和伊拉克都是贫穷国家，人均国内生产总值相当于3100美元，但是古巴的贫富差距比伊拉克小得多。因此，古巴人民的寿命比伊拉克人民整整长17.2岁。美国比哥斯达黎加富裕得多，但在收入差距小的哥斯达黎加，人们的预期寿命更高。"泰勒，184。

116. "漫长的人类历史剧"：经济学家们已经开始从脑科学的角度探索"理性选择"的世界，历史学家也不会落后太远。一个潜在的例子是，多巴胺和脑的新奇系统在"9·11"集体创伤中的作用。最戏剧性的历史事件是以两种方式出现的，这两种方式都不太可能触发多巴胺调节反应。新闻是在数月或数年的时间里积累起来的，从某种意义上说，是故事的持续时间决定了它的重要性。其他戏剧性的事件，在你听说的时候已经发生了，比如泰坦尼克号沉没、挑战者号爆炸。当然，这些消息本身是令人震惊的，但接下来的一切都是余震。

想想"9·11"事件的顺序。一架飞机撞上了世贸中心。至少可以说，这是一则令人惊讶的新闻。但接下来是个令人震惊的转折：第二架飞机撞上了。接着又出现了其他飞机停止响应空中交通管制的消息。然后一团乌云开始在五角大楼上空翻滚。接着第四架飞机在宾夕法尼亚上空失踪。最后双子塔南塔倒下，继而北塔倒下。

"9·11"事件不知从何而来，但也许最重要的是它一直在发生。这并非打开《今日秀》（The Today Show）节目发现的那些已经发生的令人震惊的事件，我们是实时地经历了这件事。从真正意义上说，这一事件造成了全球性多巴胺的激增。如果"9·11"事件只是一个伤亡人数较多的事件，比如一架单人飞机直接掀翻了一座摩天大楼，那么这一行为很可能会产生同样的政治影响。但我怀疑它不会造成同样的心理创伤。这次袭击完美地引发了人类大脑中最难以磨灭的记忆：将极端的恐惧和重复出现的新奇结合了起来。

值得注意的是，另一个我永远不会忘记的创伤——肯尼迪遇刺事件，也遵循了类似的模式：总统中枪后去世了，继而被指控的刺客被捕，接着刺客也在电视直播中被杀。想想这一事件留下的伤疤，就像多巴胺的痕迹写进了我们的公众历史。

第六章　扫描你自己

117. "中风"：奥伦斯坦，105。

118. "音乐信息"："在大多数针对正常人的测试中，研究证明，音乐能力偏侧于大脑右半球。例如，双耳分听测试中，人们能够更好地加工呈现给右耳（左半球）的单词和辅音；而当这些声音出现在左耳（右半球）时，人们可以更好地加工音乐音调（以及其他环境噪声）。但是有一个复杂的因素，当将这些或更具有挑战性的任务分配给受过音乐训练的人时，左半球的效果会增强，而右半球的效果会降低。具体而言，一个人进行的音乐训练越多，他越有可能至少部分地利用左半球机制来解决新手主要通过使用右半球机制来解决的问题。"加德纳，119。

119. "音乐欣赏"：有很多有趣的研究都是关于鸟类鸣叫的错综复杂之处的。"世界上有9000种鸟类，而在27种主要鸟类中，只有3种能学会唱歌——鹦鹉、蜂鸟和颤鸟。在这些声乐学习者的精英阶层，演唱风格和学习过程存在着物种差异。对于一些物种，比如白头麻雀和斑胸草雀，在早期的发育过程中只能学会一种方言，然后在每个交配季节精确地复制。而其他物种，例如金丝雀和莺，则在每个季节都创造出新的歌曲，就像瓦格纳（Wagner）在《指环》（*The Ring*）这样的歌剧杰作中创造的主题变奏曲一样。在具有单个方言或多个方言的物种中，不同的种群保持着持久的歌曲传统，这些主题代代相传。最后一类歌曲学习者由伟大的模仿者构成，如嘲鸟、琴鸟和椋鸟等。这些物种建立了一个引人入胜的声音库，包括本地动物的歌曲以及附近一些无生命物体的声音。在伦敦地区，一只燕雀学会了模仿英国电话公司的电话铃声，并把它当作一种恶作剧手段，使屋主急忙冲进屋里。"豪泽（Hauser），118—119。

120. "音乐所引起的战栗感"："首要假设是，我们对音乐的热爱最终反映了哺乳类动物大脑传递和接收基本情绪性声音的原始能力；这些基本情绪性声音会唤起情感，是进化适应性的隐性指标。换句话说，音乐可能基于我们内在的情绪性声音（我们话语中的韵律元素），以及我们的本能或者情绪性运动装置的有节奏的运动，从进化的角度来说，被设计出来用于衡量某种状态是否有可能促进或阻碍我们的幸福。然而，借助这种基本的心理情绪能力，艺术家可以构建出宏伟的音乐文化的认知结构，这显然远远超出了任何简单的情感或进化方面的考虑。"贝尔纳茨基（Bernatzky）和潘克赛普，2002。

121. "为人父母的喜悦"："潘克赛普认为，某些类型音乐的情感牵引作用在于它与动物之间传递情感信息的声音（而非言语）信号的相似性。弥久不散的紧张感的积聚会带来一种脊背发凉的感觉，例如当某种声音与婴儿和母亲分开时发出的声音有共同特征时（包括人和动物），这种声音也能引起催产素（与亲子联结最密切相关的脑化学物质）下降，并引起母亲的体温下降。当母亲与孩子重聚时，孩子的哭声听起来也不一样，就像用令人满意的结尾音结束音乐片段。同时，母亲体内的催产素水平升高，身体变得更温暖。人们发现女性比男性更能敏锐地感觉到这种刺痛感，与这个理论非常吻合。"卡特，148。

122. "乔伊·赫希"：采访于 2003 年 4 月和 5 月。

123. "内侧前额叶"：有趣的是，当作家斯蒂芬·霍尔（Stephen Hall）在赫希的实验室里进行类似的实验时，也发现了相似的内侧前额叶的活动，尽管他的脑活动总体分布与我不同。

结语：广开心智

124. "埃里克·坎德尔"：坎德尔，1999。

125. "获得新鲜的乐趣时"：弗洛伊德，1961，8。

126. "有意识的自我"："无意识在我们的文化中被蚀刻成狭义的含义，只是众多过程和内容的一部分。实际上，这份'未知'所包含的内容令人震惊，包括：

"所有我们没有注意的完整图像；

"所有永远不会成为图像的神经模式；

"所有通过经验获得的倾向，且可能永远不会成为明确的神经模式；

"此类倾向的重构，以及可能永远无法明确知晓的所有网络重塑；

"所有隐藏在与生俱来、处于内稳态的倾向中的智慧、技术诀窍。"

达马西奥，1998，228。

127. "属于过去"：弗洛伊德，1961，19。

128."乱伦"："通过区分两个关于人类乱伦规避解释的主要假说，可以更清楚地说明这个问题。第一个假设是韦斯特马克（Westermarck）提出的，我现在将以更新的语言进行总结：人们避免乱伦，因为这是一种已经转化为禁忌的、传承而来的、符合表观遗传规则的人类本性。相反的假设是弗洛伊德提出的。这位伟大的理论家在得知韦斯特马克假设后，坚称这种假设并不存在，且恰恰相反：家庭成员之间的异性恋是原始的、引人注目的，不为任何本能的抑制所阻止。为了防止这种乱伦，以及随之而来的对家庭联结的灾难性的破坏，社会创造出了禁忌。"威尔逊，178。

似乎有压倒性的证据表明，禁止乱伦是"人类普遍的"现象，因此这是基于生物学的，而不是文化强加给我们的。考虑一下对"童养媳婚"的惊人研究，其中"没有血缘关系的女婴被家庭成员收养，与亲生儿子一起以普通的兄弟姐妹关系一起长大，然后与儿子结婚"，这种做法的动机似乎是，为了儿子能在性别比例不平衡、经济繁荣所共同构成的高度竞争的婚姻市场中有个伴侣。1957年至1995年的近40年中，沃尔夫（Wolf）研究了19世纪末和20世纪初14200名进行了未成年婚姻的中国台湾地区妇女。这些统计数据进一步通过对许多"小儿媳妇"（她们在闽南语中被称为sim-pua）以及她们的朋友和亲戚的采访得到补充。沃尔夫偶然发现了一个受控制的、研究人类主要社会行为心理起源的实验。小儿媳妇和她们的丈夫在生物学上没有关系，因此消除了所有与紧密的遗传相似性相关的因素。然而，她们是在兄弟姐妹的亲密关系中长大的，就像其他家庭的兄弟姐妹一样，实验结果无疑支持了韦斯特马克的假设。当未来的妻子在30个月大之前被收养时，她通常不愿和她事实上的兄弟结婚。父母常常不得不强迫这两个人完成婚姻，在某些情况下甚至以体罚作为威胁。在同一社区中，这种婚姻通常离婚的概率比"主流婚姻"大三倍。他们生育的孩子少了近40%；据报道，其中有三分之一的妇女存在通奸行为，而"主流婚姻"中只有约10%。在一系列细致的交叉分析中，沃尔夫发现了关键的抑制因素，即在夫妻任何一方或双方生命的前30个月里亲密共处。在这一关键期，双方联系越久、关系越近，之后的效应就越强。沃尔夫的数据可以减少或消除可能发挥作用的其他因素（如果是真正的双胞胎或兄弟姐妹，可能会混淆这些因素），包括领养经历、寄宿家庭的经济状况、健康状况、结婚年龄、同级竞争以及对乱伦的自然厌恶。威尔逊，175。

129. "坎德尔指出"：坎德尔，1999，59。

130. "头脑中也有如此多的声音"："碎片化的自我"是认知神经科学和进化心理学与后现代文化理论之间一致的几个关键点之一。[由于雅克·德里达（Jacques Derrida）、吉勒斯·德勒兹（Gilles Deleuze）和朱莉娅·克里斯蒂娃（Julia Kristeva）等理论家的影响，"偏中心的"和"多重性的"主题是后一种传统中的基本范畴。] 不幸的是，无论是脑科学家还是文化理论家似乎在同一间屋子里时都无法不互相谩骂。脑科学家认为文化理论家只对削弱科学的经验性主张和质疑的真理主张感兴趣；而文化理论家在很大程度上对脑科学揭示的他们的主观性理论不感兴趣。在我看来，这是这两个阵营的损失。

131. "被压抑的欲望"："加利福尼亚大学洛杉矶分校的心理学家罗伯特·比约克（Robert Bjork）和他的同事们强有力地指出，这种直接遗忘的效果有时归因于被称为检索抑制的阻断形式。当我们遇到足够有力的线索，引导我们以最初的方式重新体验某个事件时，这种抑制就会被释放。也许 JR 有意识地试图避免去检索与神父相遇的回忆，因此，在很长一段时间内，成功阻止了自己触碰到那些记忆。电影中包含的有力触发因素可能引起了 JR 在初次体验中感受到的情绪，从而使他克服了这种抑制。诸如'检索抑制'之类的概念不可避免地让人想到弗洛伊德的压抑概念。检索抑制是否仅仅是弗洛伊德的旧观点的代名词，那个因为缺乏实验性支持而被诋毁的观点？并不是。弗洛伊德的压抑概念需要一种心理防御机制，这种机制不可避免地会与试图将具有情绪威胁性的材料排除在意识之外的尝试有关。但是在比约克和安德森（Anderson）这样的理论家的讨论中，检索抑制是一种更普遍的概念，适用于情绪性及非情绪性的经历。"沙克特，83。

132. "达尔文主义的生态系统"："也许神经选择主义最直言不讳的当代实践者是格拉尔德·埃德尔曼，他与热尔纳（Jerne）一样，因在免疫系统方面的工作而获得了诺贝尔奖。在《神经达尔文主义》（*Neural Darwinism*）一书中，埃德尔曼提出，大脑中的突触就像生活在环境中的动物一样，为了生存而竞争。被用到的突触会竞争成功并存活下来，而那些没有被用到的突触则死亡。根据埃德尔曼的说法：'神经回路的模式……既没有建立也没有重新安排，以应对外部影响。'相反，外部影响通过启动和加强某些涉及神经活动的模式来选择突触。"勒杜，2002，72—73。

133. "回味神经化学的论点"："尽管研究人员尚未阐明快乐的细胞生物学原理，但理论家却对性快感缺乏症进行了大量的思考。这一概念的现代重构开始于 20 世纪 70 年代中期。当时，明尼苏达大学心理学家保罗·米尔（Paul Meehl）发表了一篇评论文章，批评了主流的对享乐主义能力的精神分析理解。米尔研究了弗洛伊德的心理失常的观点。弗洛伊德认为，所有人都为快乐而奋斗，而人们的区别在于阻碍他们奋斗的力量不同。（说句公道话，弗洛伊德也认为，人们的驱动力各不相同，但他在这方面的思想从未得到较好的阐述。）精神分析的实质是消除防御和阻力（各种对于有效行为及完整的情绪生活的阻碍）。

"米尔认为，驱力的阻碍只是理论的一半。是的，人们可能因为害怕各种负面后果而患上精神疾病，但为什么他们在正强化条件下，也会患上精神疾病呢？他自己的观察使他相信，就像有些有机体被恐惧阻碍一样，也有其他有机体的恐惧，没有得到充分的缓和、减弱，或者我甚至可以说，它们被足够的快乐所阻碍。"克莱默，228–229。

134."分裂"："许多关于大脑的不对称的神话已经形成。大脑左半球被认为是具有冷静的逻辑、言语，占主导地位的大脑半球；而大脑右半球则被认为是具有想象力的、情绪性的、有空间意识的却受到压抑的大脑半球。这两种人格在同一个脑袋中，阴和阳，英雄和小人。当然，对于大多数神经科学家来说，这些概念往好了说，是过于简单，往坏了说，是毫无意义。因此，几年前，一个简单的脑部扫描仪测试，似乎揭示了神经学的一个最大难题的真相时，人们普遍感到满意：确切来说，人脑的两个半球究竟有什么区别？幸或不幸取决于你对理论的喜好程度，这项工作所揭示的全景远没有分裂脑在逻辑上的创意那么浪漫，它具有耐人寻味的复杂性且难以证明。"麦科隆，2000 年。

135."三位一体的脑"：埃德尔曼对这一模型有两个部分的解释，其中脑干和边缘系统被视为一个单元。他着重强调了这两种系统中普遍存在的不同沟通速度："总的来说，存在两种神经系统的组织，它们对于理解意识如何演化非常重要。尽管它们都是由神经元组成的，但它们的组织结构却大不相同。首先是脑干，与边缘（享乐）系统有关，这一系统与食欲、性行为、完成性行为以及防御行为模式有关。这是一个价值系统，它广泛联结到许多不同的身体器官、内分泌系统和自主神经系统。这些系统共同调节心脏和呼吸频率、出汗、消化功能等，以及与睡眠和性有关的身体周期。边缘脑干系统中的回路通常呈环状排列，响应速度相对较慢（数秒至数月不等），并且不包含详细地图，这些都不足为奇。在进化选择过程中，它们与身体相匹配，而不与来自外界的大量意外信号匹配。这些系统是早期进化出来的用以照顾身体功能的，它们是内部系统。

"第二个主要的神经系统组织完全不同。它被称为丘脑皮层系统，丘脑是大脑的中心结构，由许多将感觉和其他大脑信号联结到皮层的核团组成。丘脑皮层系统由丘脑和皮层共同作用组成，该系统演变成接收来自感觉受体的信号，并将信号传至随意肌。它的响应速度非常快（从毫秒到秒），尽管其突触联结会经历一些持续一生的变化。如我们所见，其主要结构排列在一组地图中，这些地图通过丘脑接收来自外界的输入。与边缘—脑干系统不同，它不包含那么多回路，这些回路具有大量的、可以不断重复的、高度连通的、分层的、局部结构。"埃德尔曼，1992，117。

136. "边缘系统"：勒杜在他的新书《突触自我》中对麦克莱恩的模型给予了认可，同时对边缘系统本身的准确性提出了疑问。"尽管边缘系统的理论不足以解释特定的情绪脑回路，但在对情绪和脑的一般进化解释的背景下，麦克莱恩最初的想法很有见地且颇为有趣。特别是情绪涉及相对原始的回路，这种回路在哺乳类动物进化过程中一直守恒，这一观点似乎是正确的。此外，认知过程可能涉及其他回路，并且可能相对独立于情绪回路发挥作用，这一观点似乎也是正确的，至少在某些情况下是这样。这些功能性的想法值得保留，即使我们最终放弃将边缘系统作为情绪脑的解剖学理论。"勒杜，2002，212。

另一些人则继续将边缘系统视为有用的类别："在一定程度上，边缘系统将这些区域的组合作为情感调节者的想法已经得到证实。在许多情况下，损伤边缘系统会导致不恰当的情绪。例如，克吕弗 – 比西（Klüver–Bucy）……综合征出现于当边缘系统的特定部分，即杏仁核……受损。患者表现出强烈的性欲，这种性欲不仅针对可能的伴侣，还对其周围的任何物品，甚至是无生命的物体。类似地，移除另一个区域，如扣带回皮层（cingulate cortex）……在实验动物中，会导致虚假愤怒——一种行为模式，它包含真正愤怒状态中所有的外在特征，但其发生没有明显的原因。"格林菲尔德，4。

137. "情绪中枢受损"："现在让我来说明，纯粹理性的决策策略行不通。即使在最好的情况下，你的决定仍会花费很长的时间。在最坏的情况下，你甚至可能根本无法做出决定，因为你会在计算过程中迷失方向。为什么？因为要记住你在比较时需要参考的那些损失和收益明细并不容易。中间步骤的表征（你需要保持它们，从而去检查、利用逻辑推理将它们翻译成任何符号形式）都将会从你的记忆板上消失。因为注意和工作记忆容量有限，你会迷失方向。最后，如果你的心智通常是完全理性地进行计算，那么你可能会选择错误、抱憾终生，或者只是沮丧地放弃尝试。"达马西奥，1995，172。

138. "从心跳到心弦，再到漫不经心"：威尔逊，106。

139. "在她康复之后"：弗洛伊德，1954，244。

140. "南美洲的形状"：平克，2002年，80–81。

参考书目

Adolphs, Ralph. "Neural Systems for Recognizing Emotion." *Current Opinion in Neurobiology* (2002).

Amini, Fari, Richard Lannon, and Thomas Lewis. *A General Theory of Love*. New York: Vintage, 2001.

Baron-Cohen, Simon. *Mindblindness: An Essay on Autism and Theory of Mind*. Cambridge, Mass., and London: MIT Press, 1999.

————. "The Extreme Male Theory of The Brain." *Trends in Cognitive Sciences* 6, no.6 (June 2002).

Baron-Cohen, Simon, ed. *The Maladapted Mind: Classic Readings in Evolutionary Psychopathology*. East Sussex, U.K.: The Psychology Press, 1997.

Blakemore, Sarah J., Daniel M.Wolpert, and Chris D. Frith. "Central Cancellation of Self-produced Tickle Sensation." *Nature Neuroscience* 1, no. 7 (1998).

Blood, A. J., and R. J. Zatorre. "Intensely Pleasurable Responses to Music Correlate with Activity in Brain Regions Implicated in Reward and

Emotion." *Proceedings of the National Academy of Sciences* 98 (2001) : 11818–11823.

Blood, A.J., R.J.Zatorre, P.Bermudez, A.C.Evans. "Emotional Responses to Pleasant and Unpleasant Music Correlate with Activity in Paralimbic Regions." *Nature Neuroscience* 2 (2001): 322–327.

Calvin, William. *The Cerebral Code: Thinking a Thought in the Mosaics of the Mind.* Cambridge, Mass., and London, UK: MIT Press, 1996.

Carter, C. S. "Neuroendocrine Perspectives on Social Attachment and Love." *Psychoneuroendocrinology* 23 (1998): 779–818.

Carter, C., A. DeVries, and L. Getz. "Physiological Substrates of Mammalian Monogamy: The Prairie Vole Model." *Neuroscience Biobehavioral Review* 19 (1995): 303–314.

Carter, Rita. *Mapping the Mind.* California: University of California Press, 1998.

Clark, Andy. *Being There: Putting Brain, Body and World Together Again.* London and Cambridge, Mass.: MIT Press, 1997.

Damasio, Antonio. *Descartes' Error: Emotion, Reason, and the Human Brain.* New York: HarperCollins, 1994.

———.*The Feeling of What Happens.* New York: Harcourt, 1999.

Darwin, Charles. *The Expression of the Emotions in Man and Animals.* New York: Oxford University Press, 1998.

Dawkins, Richard. *Climbing Mount Improbable.* New York and London: W.W. Norton, 1996.

————.*The Extended Phenotype: The Long Reach of the Gene.* New York: Oxford University Press, 1982.

————.*Unweaving the Rainbow: Science, Delusion and the Appetite for Wonder.* London: The Penguin Press, 1998.

De Waal, Franz. *Chimpanzee Politics.* Baltimore: Johns Hopkins University Press, 1982.

Dean, Katie. "Attention Kids: Play this Game." *Wired News,* December 19, 2000.

Dehaene, Stanislas, Michel Kerszberg, and Jean–Pierre Changeux. "A Neuronal Model of a Global Workspace in Effortful Cognitive Tasks." *Proceedings of the National Academy of Sciences of the United States of America* 95 (1998): 14529–14534.

Dennett, Daniel C. *Brainchildren: Essays on Designing Minds.* Cambridge, Mass.: MIT Press, 1998.

————.*Consciousness Explained.* Boston, Mass., London, and Toronto: Little, Brown, 1991.

Diamond, Jared. *Why Is Sex Fun?: The Evolution of Human Sexuality.* New York: Basic Books, 1997.

Donaldson, Margaret. *Children's Minds.* New York: W.W. Norton, 1978.

Dreher, J.C., and K.F. Berman. "Fractionating the Neural Substrate of Cognitive Control Processes." *Proceedings of the National Academy of Sciences USA* 99 (2002): 14595–14600.

Edelman, Gerald M. *Bright Air, Brilliant Fire: On the Matter of Mind.*

New York: Basic Books, 1992.

————. "Building a Picture of the Brain." *Daedalus* 127 (Spring 1998):
37–69.

————. *Topobiology: An Introduction to Molecular Embryology.* New
York: Basic Books, 1988.

Edelman, Gerald, and Giulio Tononi. *A Universe of Consciousness:
How Matter Becomes Imagination.* New York: Basic Books, 2000.

Editors of *Scientific American. The Scientific American Book of the
Brain.* New York: Lyons Press, 1999.

Freud, Sigmund. *Beyond the Pleasure Principle.* Trans. James
Strachey. New York: W.W. Norton, 1961.

————. "The Uncanny." *The Standard Edition.* Vol. XVII. trans.
James Strachey. London: Hogarth Press, 1954.

Gardner, Howard. *Frames of Mind: The Theory of Multiple
Intelligences.* New York: Basic Books, 1983.

Greenfield, Susan. *The Private Life of the Brain: Emotions,
Consciousness, and the Secret of the Self.* London: John Wiley & Sons,
2000.

Guzeldere, Guven, and Stefano Franchi, eds. *"Bridging the Gap" :
Where Cognitive Science Meets Literary Criticism.* Stanford Humanities
Review Supplement 4, no. 1 (spring 1994) .

Hall, Stephen. "Journey to the Center of My Brain." *The New York
Times Magazine*, July 1999.

Hauser, Marc D. *Wild Minds: What Animals Really Think.* New York:

Henry Holt and Company, 2000.

Hoffman, Donald D. *Visual Intelligence: How We Create What We See.* New York and London: W.W. Norton, 1998.

Hofstadter, Douglas. *Gödel, Escher, Bach: An Eternal Golden Braid.* New York: Basic Books, 1979.

————. *Le Ton beau de Marot: In Praise of the Music of Language.* New York: Basic Books, 1997.

Horgan, John. *Rational Mysticism: Dispatches from the Border Between Science and Spirituality.* New York: Houghton Mifflin, 2003.

Hrdy, Sarah Blaffer, and Sue Carter. "Mothering and Oxytocin or Hormonal Cocktails for Two." *Natural History* (December 1995) .

Humphrey, Nicholas. *A History of the Mind: Evolution and the Birth of Human Consciousness.* New York: Springer–Verlag, Copernicus Editions, 1992.

Huxley, Aldous. *The Doors of Perception and Heaven and Hell.* New York: HarperPerennial, 1963.

Insel, T.R., and L.J.Young. "Neurobiology of Social Attachment." *Nature Neuroscience Review* 2 (2001): 129–136.

James, Henry. *The Golden Bowl.* New York: Penguin Classics.

Kandel, Eric. "Biology and the Future of Psychoanalysis: A New Intellectual Framework for Psychiatry Revisited." *American Journal of Psychiatry* (1999) , 156: 4.

————. "A New Intellectual Framework for Psychiatry." *American Journal of Psychiatry* (1998), 155: 457–469.

Kramer, Peter. *Listening to Prozac*. New York and London: Penguin Books, 1993.

LeDoux, Joseph. *The Emotional Brain*. New York: Touchstone, 1996.

————. *Synaptic Self: How Our Brains Become Who We Are*. New York: Penguin Putnam, 2002.

Lumer, E.D., G. M. Edelman, and G.Tononi. "Neural Dynamics in a Model of the Thalamocortical System.I.Layers, Loops and the Emergence of Fast Synchronous Rhythms." *Cerebral Cortex* 7 (1997) : 207–227.

McCrone, John. " 'Right Brain' or 'Left Brain' : Myth or Reality?" *The New Scientist* (2000) .

McGaugh, J. L. "Memory: A Century of Consolidation." *Science*, 2000, 287, 248–251.

McGaugh, J. L., B. Ferry, A. Vazdarjanova, and B. Roozendaal. "Amygdala: Role in Modulation of Memory Storage." *The Amygdala: A Functional Analysis*, J. P. Aggleton, ed. London: Oxford University Press, 2000, 391–423.

McIntosh, Anthony Randal, M.Natasha Rajah, and Nancy J.Lobaugh. "Interactions of Prefrontal Cortex in Relation to Awareness in Sensory Learning." *Science*, 28 May 1999: 1531–1533.

Miller, E.K. "The Prefrontal Cortex and Cognitive Control." *Nature Review of Neuroscience* 1 (2000): 59–65.

Minsky, Marvin. *The Society of Mind*. New York: Touchstone, 1985.

Mithen, Steven. *The Prehistory of Mind: The Cognitive Origins of Art, Religion and Science*. London: Thames and Hudson, 1996.

Ornstein, Robert, and Richard Thompson. *The Amazing Brain.* Boston, Mass.: Houghton Mifflin, 1984.

Panksepp, J., E.Nelson, and M.Bekkedal. "Brain Systems for the Mediation of Social Separation–Distress and Social–Reward: Evolutionary Antecedents and Neuropeptide Intermediaries." *Annals of the New York Academy of Science* 807 (2001): 78–100.

Panksepp, Jaak. *Affective Neuroscience.* New York: Oxford University Press,1998.

Panksepp, Jaak, and Gunther Bernatzky. "Emotional Sounds and the Brain: The Neuro–Affective Foundations of Musical Appreciation." *Behavioural Processes* 60 (2002): 133–155.

Penrose, Roger. *The Emperor's New Mind: Concerning Computers, Minds, and the Laws of Physics.* New York: Penguin Books, 1991.

Pert, Candace. *Molecules of Emotion.* New York: Simon & Schuster, 1999.

Pinchbeck, Daniel. *Breaking Open the Head: A Psychedelic Journey into the Heart of Contemporary Shamanism.* New York: Broadway Books, 2002.

Philips, William A., and Wolf Singer. "In Search of Common Foundations for Cortical Computation." *Behavioral and Brain Sciences* 20 (1997): 657–722.

Pinker, Steven. The Blank Slate. London: Penguin Books, 2002.

———. *The Language Instinct: How the Mind Creates Language.* New York: HarperPerennial, 1994.

Provine, Robert R. *Laughter: A Scientific Investigation.* New York:

Penguin Books, 2000.

Quartz, Steven R., and Terrence J. Sejnowski. *Liars, Lovers, and Heroes: What the New Brain Science Reveals About How We Become Who We Are.* William Morrow, New York, 2002.

Restak, Richard. *Brainscapes: An Introduction to What Neuroscience Has Learned About the Structure, Function, and Abilities of the Brain.* New York: Hyperion, 1995.

————.*Mozart's Brain and the Fighter Pilot.* New York: Harmony Books, 2001.

Ridley, Matt. *Genome: The Autobiography of a Species in 23 Chapters.* New York: HarperCollins, 1999.

————. *The Origins of Virtue,* New York: Penguin Putnam, 1996.

Rizzolatti, Giacomo, and Michael Arbib. "Language within Our Grasp." *Trends in Neurosciences,* 21 (1998): 188.

Sacks, Oliver. *An Anthropologist on Mars.* New York: Vintage Books, 1995.

Sagan, Carl, and Ann Druyan. *Shadows of Forgotten Ancestors.* New York: Ballantine Books, 1992.

Schacter, Daniel L. *Searching for Memory: The Brain, the Mind and the Past.* New York: Basic Books, 1997.

————. *The Seven Sins of Memory.* New York: Houghton Mifflin, 2001.

Sime, Wes, Thomas W.Allen, and Catalina Fazzano. "Optimal Functioning in Sport Psychology: Helping Athletes Find Their 'Zone of

Excellence.'" *Biofeedback,* Spring 2001.

Stern, D. "The process of therapeutic change involving implicit knowledge: some implications of developmental observations for adult psychotherapy." *Infant Mental Health Journal* 19 (1998): 300–308.

Storr, Anthony. *Music and the Mind.* New York: The Free Press, 1992.

Taylor, John. *The Race for Consciousness.* Cambridge, Mass., and London: MIT Press, 1999.

Taylor, Shelley E. The Tending Instinct. New York: Henry Holt and Company, 2001.

Uvnäs–Moberg, Kerstin. "Oxytocin May Mediate the Benefits of Positive Social Interactions and Emotions." *Psychoneuroendocrinology* 23, no. 8 (1998): 927–944.

Varela, Francisco, Evan Thompson, and Eleanor Rosch. *The Embodied Mind: Cognitive Science and Human Experience.* Cambridge, Mass., and London: MIT Press, 1993.

Vittorio, Gallese, and Alvin Goldman. "Mirror Neurons and the Simulation Theory of Mind–Reading." *Trends in Cognitive Sciences* 2 (1998): 493.

Wilson, Edward O. *Consilience: The Unity of Knowledge.* New York: Random House, 1998.

———. *Sociobiology* (abridged ed.) . Cambridge, Mass., and London: Harvard University Press, 1980.

Woolf, Virginia. *Mrs. Dalloway.* New York: Harvest, 1981.

Wright, Robert. *The Moral Animal: Why We Are the Way We Are: The*

New Science of Evolutionary Psychology. New York: Random House, 1994.

————. *NonZero: The Logic of Human Destiny.* New York: Pantheon Books, 2000.

致谢

　　这本书的出版离不开许多脑科学领域专家的指导，他们是雅克·潘克赛普、约瑟夫·勒杜、谢利·泰勒、苏·卡特、西蒙·巴伦－科恩、安东尼奥·达马西奥、约翰·罗登巴赫、韦斯·赛姆、莱斯莉·塞登、哈尔·罗森布拉姆、汤姆·布鲁、詹姆斯·麦高、卡姆兰·法拉菲、苏珊·奥思默、约翰·多诺霍和罗伯特·普罗文。我非常感谢他们能够忍受我奇怪的问题，并参与书中的实验。特别感谢乔伊·赫希允许我使用她实验室里的 fMRI 机器，以及她心智阅读的天赋，这使我有了新的发现。我还要感谢那些阅读了我部分或全部书稿的人，他们为我提出了很多有用的建议，他们是西蒙·巴伦－科恩、乔伊·赫希、安东尼奥·达马西奥、艾梅·特罗伊恩（Aimee Troyen）、戈登·惠勒（Gordon Wheeler）、约翰·罗登巴赫、埃里克·利芬（Eric Liftin）、亚历克萨·鲁滨逊（Alexa Robinson）、扎克·兰什（Zack Lynch），以及我的研究助手内沙·布格哈特（Nesha Burghardt），他在脑科学领域的知识和敏锐度在本书的写作中起了至关重要的作用。我的朋友马切伊·切格洛夫斯基（Maciej Ceglowski）为组织和探索我的笔记创建了一个很棒的软件。我还要感谢我的个人

243

网站（stevenberlinjohnson.com）上的许多读者，他们为我在网上发布的摘录提供了很多想法和评论。

这本书的一些内容以修改过的形式出现在一些杂志中。感谢《探索》(*Discover*)杂志的编辑戴夫·格罗根（Dave Grogan）和斯蒂芬·佩特拉内克建议我把情绪的世界分成三个部分进行介绍。感谢阿特·温斯洛（Art Winslow）让我在《国家》(*The Nation*)杂志上发表关于进化心理学的辩护。感谢乔尔·洛弗尔（Joel Lovell）对神经反馈部分做出的许多有益的贡献，使得文章得以在《纽约时报》上发表。我还要感谢斯蒂芬妮·西曼（Stefanie Syman）和杰米·赖尔森（Jamie Ryerson）引导我第一次进入脑科学领域。非常感谢埃萨伦理论与研究中心（Esalen Center for Theory and Research）邀请我在本书编写时参加一个关于出现与意识的会议，这次会议为我的写作增色不少。

感谢斯克里布纳出版社（Scribner）的吉利恩·布莱克（Gillian Blake）让本书得以出版。在吉利恩之后，科林·哈里森（Colin Harrison）发挥了出色的工作能力，展示了我的风格，并进一步激发了我对本书的热情。我为他不得不阅读手稿五遍而对他的脑细胞造成的损失向他的家人道歉。在整个编辑过程中，莎拉·奈特（Sarah Knight）使我能够按时交稿。娜恩·格拉哈姆（Nan Graham）和苏珊·摩尔多（Susan Moldow）一如既往地鼓励我。至于我的经纪人莉迪亚·威尔斯（Lydia Wills），很少有经纪人能如此出色地维护客户的利益，她真的称得上是个奇迹。（更不用说和她在电话上聊天很有趣。）

对我来说，经过一个世纪的达尔文式冲突和俄狄浦斯式斗争，脑科学中最动人的发现是对大脑隶属系统的新兴理解。我们的大脑认为爱和与人联系的重要性就像"战斗或逃跑"功能一样。我在写这本书的每一天里都会想起那些大脑系统：当我的大儿子坐在我的大腿上拼命地敲打键盘时；当我一个月大的孩子在沙发上睡着时；当我与妻子在晚餐时辩论本书的论点时。感谢他们所有人，尤其是我的妻子，感谢她允许我在书中借鉴了我们的家庭经历。我的儿子们总有一天会长到足以阅读这本书的年龄，希望当他们拿起这本书时，他们能够知道因为他们的存在给每个句子增添了很多色彩，以及我很喜欢和他们在一起的日子。

译后记

　　这是一本可读性很强的科普书籍，语言流畅，内容有趣。这本书适合对日常生活事件背后的认知神经科学研究感兴趣的研究生、大学生、普通大众阅读。作者在对日常生活事件的描述中，揭示了认知神经科学的研究路径：近100年来，弗洛伊德的理论不仅影响了西方世界，也在东方世界家喻户晓，弗洛伊德式的口误、梦的解析、俄狄浦斯情结、愿望的实现等成为东西方读者茶余饭后畅谈的主题。但是近些年来，脑中的化学物质、特定脑区的功能以及脑区与化学物质间的相互作用模式等方面的研究成果，成为报纸的头条、网络推文的主题，比如内源性阿片类物质所引发的自然快感、5-羟色胺与社交自信的关系、杏仁核与焦虑的关系等，已经纳入新时代读者的知识体系。这门新的学科，并不像弗洛伊德当年所担心的那样，"用生理学或化学术语来取代心理学术语"，一举击倒了心理学家们长期以来精心架构的理论假设。一门新学科的崛起，都会遇到在传统学科中成长起来的读者不理解、抵触和排斥的困境，经过几十年的情绪波动，认知神经科学的研究，一方面承认了弗洛伊德带来的许多突破，同时也承认他的理论中，某些元素需要根据现代脑科学的研究成果进行与时俱进的更新，并由此导致了神经心理分析运动的兴起，在弗洛伊德的神话世界和由功能性核磁共振、事件相关电位等研究技术所绘制的新世界之间建立桥梁。神经科学研究者与精神分析学家相互合作，致力于探索当代对脑的理解是如何与弗洛伊德的思想体系兼容并蓄的。

本书的翻译是集体智慧的结晶。本书由周加仙研究员组织翻译，具体分工如下：前言，崔芷君；第一章，崔芷君；第二章，陆彧捷；第三章，陆彧捷；第四章，刘志霞；第五章，刘志霞；第六章，安宁；第七章，安宁。陆彧捷对全书进行了初步的统稿。在此基础上，周加仙对照原文，对全书进行反复的修改、校对与润色。我们虽然在翻译的过程中，努力做到信达雅，但是由于本书涉及的知识面广，研究的视角新，如果有错误，敬请读者批评指正。

周加仙

2020 年 9 月 22 日

北京市版权局著作权合同登记号　图字：01-2019-6078

图书在版编目 (CIP) 数据

心智觉醒：日常生活中的神经科学 /（美）史蒂文·约翰逊（Steven Johnson）著；周加仙等译 . —北京：中国法制出版社，2020.12
书名原文：Mind Wide Open: Your Brain and the Neuroscience of Everyday Life
ISBN 978-7-5216-1152-6

Ⅰ . ①心…　Ⅱ . ①史…　②周…　Ⅲ . ①神经科学—普及读物
Ⅳ . ① Q189-49

中国版本图书馆 CIP 数据核字（2020）第 102540 号

责任编辑：陈晓冉（chenxiaoran 2003@126.com）　　　封面设计：蒋　怡

心智觉醒：日常生活中的神经科学
XINZHI JUEXING: RICHANG SHENGHUO ZHONG DE SHENJING KEXUE
著者 /［美］史蒂文·约翰逊
译者 / 周加仙　等
经销 / 新华书店
印刷 / 三河市紫恒印装有限公司
开本 / 880 毫米 × 1230 毫米　32 开　　　　印张 / 8.5　字数 / 195 千
版次 / 2020 年 12 月第 1 版　　　　　　　2020 年 12 月第 1 次印刷

中国法制出版社出版
书号 ISBN 978-7-5216-1152-6　　　　　　　　　　　定价：68.00 元

北京西单横二条 2 号　邮政编码 100031　　　　　　传真：010-66031119
网址：http://www.zgfzs.com　　　　　　　　编辑部电话：010-66071900
市场营销部电话：010-66033393　　　　　　　邮购部电话：010-66033288
（如有印装质量问题，请与本社务部联系调换。电话：010-66032926）